地方自治と脱原発
若狭湾の地域経済をめぐって

小野 一 著

Local Autonomy and Nuclear Phase-Out:
About Regional Economy in
Wakasa-Bay Area
Hajime Ono

社会評論社

［目 次］

■プロローグ ──────────────────── 7
　「3・11」から「2015年安保」まで
　　フクシマ以後の原子力をめぐる攻防／あるシンポジウムから
　　／「地元」概念の融解と地方自治／本書の問題関心と構成

第1章　若狭への視点 ──────────────── 17

　1．「原発銀座」の形成　17
　　原子力時代の幕開け／敦賀原発の建設／若狭湾への原発集中（美浜）
　　／若狭湾への原発集中（高浜、大飯、もんじゅ）
　　／そして気づけば原発銀座
　2．知られざる県内格差の問題　29
　　「白い花咲く故郷」とは／越前と若狭／斜陽化する交通の要衝と原発
　　／原発より市民の豊かな心を／過疎の悲しさから身を起こして
　3．原発立地から見えてくるもの　39
　　問題の多層的構造／上り線の発想と下り線の発想

第2章　原発経済と地域社会 ──────────────── 45

　1．「原発が来ると地域が潤う」？　45
　　電源三法交付金のしくみ／原発マネーはなぜ「麻薬」なのか
　　／若狭湾の実情／雇用・経済波及効果
　2．原子力産業と地元　56
　　日本原電訪問／原子力開発期のパイオニア／難しい事業転換
　　／地元合意と活断層問題
　3．原発に依存しない地域経済　65

ある市議の奮闘／代替エネルギーが問題なのか／電力市場自由化で何が変わるか／無党派政治の可能性／模範解答なき模索

第3章　若狭の声を聞け ―――――― 75
　　　　――中嶌哲演住職との対話から示唆を得て

　1．内なる植民地化に抗して　75
　　　明通寺訪問／市民の会が発足するまで／市民の声で政治が動く／黒船以来の近代化のひずみ／ふたつの神話
　2．「被害地元」と「消費地元」　85
　　　被害地元の概念化／消費地元という観点／関西広域連合と原発／ポピュリズムを超えて
　3．必要神話を問い直す視点　91
　　　ヒロシマ・若狭・フクシマ／「少欲知足」の考え方／自利と利他との調和／若狭の声

第4章　究極の差別構造としての原子力発電 ―――― 99

　1．周辺住民と原発労働者　99
　　　弱者にしわ寄せされるリスク／あるルポルタージュの衝撃／風下地域の悲劇／事実を認めたがらない行政／被曝労働の実態／原発労組結成と私たち
　2．社会運動への問い直し　112
　　　住民運動から反原発運動へ／新しい社会運動と政治的機会構造／土着性の問題／ＮＩＭＢＹという批判点
　3．原子力と現代民主主義　118
　　　もうひとつの「55年体制」／原子力平和利用の虚構／フクシマ以後の変化と熟議民主主義／国民投票をどう考えるか／試金石としての原発輸出／見える差別と見えない差別

第5章 「司法は生きていた」———————————133
——大飯原発差し止め訴訟福井地裁判決の波紋

1．福井地裁判決の新奇性　134
　　人格権という考え方／万に一つの具体的危険
　　／基準地震動をめぐって／ゼロリスクを求めるのは反科学的か
2．日本の原発訴訟事情　140
　　行政訴訟と民事訴訟／伊方原発訴訟／ふたつの原告勝訴例
　　／相次ぐ原告敗訴
3．高浜原発仮処分と川内原発訴訟　148
　　仮処分の法的拘束力／福井での最後の仕事／分かれた司法判断
　　／混乱、それとも希望

第6章　若狭と大和の新しい絆———————————157
——原発避難相互援助計画に見る地方自治の可能性

1．原発避難計画と地方自治体　157
　　市役所防災センター訪問／防災計画の見直し
　　／広域避難、その時どこへ／ネットワーク型政策形成
2．広域避難と地域間交流　165
　　奈良県訪問／避難先自治体と広域行政機構／避難受入側の懸念
　　／自治体の善意に頼りすぎないこと／もう始まっている住民交流
3．地方自治論の新展開と脱原発社会　175
　　地方分権改革／中央集権的思考を超えて
　　／沖縄米軍基地問題とのアナロジー／オルターナティブは地方から

■エピローグ————————————————————186
　　原子力ムラはどこにある
　索引　190

こなかった。原発の周囲5キロ圏は予防的防護措置準備区域（PAZ）とされるが、ひとたび事故が起これば広い範囲での対策が必要となる。そこには人口密集地も含まれるため、原発はもはや「過疎地」の問題ではない。

第二に、原子力防災の実務を担う地方自治体の負担はあまりにも重く、個々の自治体の対応能力を超えることもある。権限はないのに責任だけがある。国策としての原発推進路線にほころびが生じ、その矛盾が地方自治体にしわ寄せされているわけである。

第三に、こうした状況下で「地元」の意味する内容が揺らいでいる。原発（ないしは関連施設）の地元という場合、その立地する市町村ないしは道県とするのが通常の理解だろう。だが、近隣自治体の場合、原発関連の交付金はないが、事故の被害を被る可能性はある。それなのに原発建設や操業への同意権がないばかりか、事故の際の情報提供もままならないのはおかしい。嘉田氏が被害地元という概念を提唱した理由は、ここにある。

日本は近代化過程で、中央集権型の政治機構や国土開発を自明のものとして内面化してきた。原発はそうした経済発展モデルと親和的だが（179頁）、その矛盾が原発事故という非常事態を機に表面化した。あらゆることが問い直しを迫られる今日、地方自治の観点から原発問題を問い直す視点が重要になってきているのである。

このような手法は斬新かつ不可欠なものだが、反論もあり得る。国策として押し進められた原子力政策の根本矛盾を問うことなしに自治体による問題解決を論じるなら、責任の所在をあいまいにし、国や電力会社の無為無策、背信行為を不問に付すことにならないか。また、地方自治の積極面ばかりを強調するのも一面的で、自治体の権限や住民参加が強化されれば脱原発に向かうとは限らない。デモクラシーの成熟度がさまざまであるのに加え、財政基盤が構造的に弱体な自治体もある。「民意」に基づき「自発的」に原発を受け入れる自治体があっても、それを非難する権利は誰にもないのである。

これらはいずれも真っ当な批判点である。だが、それを当然の前提と

した上で、これまでは十分に関心が向けられなかった地方自治のレベルにもっと目を向けよう。第二の批判点に関しては、次のように言えよう。地方自治が常に積極面を持つとは限らないとしても、問われるべきはその可能性が汲み尽くされてきたかどうかであり、もしそうでないならその可能性を吟味してみる価値はある。そうした知見が中央集権的思考への反省的態度と結びつき、原子力政策ばかりでなく、戦後日本の根本問題（安保体制や沖縄米軍基地問題も含む）を問い直し新たな生き方を論じる地平が、切り拓かれるかもしれない。

本書の問題関心と構成

　私たちの研究グループは、2015年2月に、原発立地の実態を知る調査のため、福井県敦賀市や小浜市などを訪問した。その時の見聞を出発点に、地方自治の視点から原発とかかわる問題状況を整理するために書かれたのが本書である。

　第1章では、「原発銀座」若狭の概略を把握し、福井県に相次いで原発が建設された経緯を跡づける。原発は財政基盤の弱い僻地に立地することが多いが、案外知られていないのが越前と若狭の県内格差である。原発立地地域では、差別が二重三重に構造化されている。ただし、若狭地方といっても多様であり、原発によらない発展を志向した自治体があることも見過ごされるべきではない。

　それをふまえて、原発経済と地域社会の問題を考えるのが、第2章である。原発が来ると地域が潤う、というのはどこまで本当だろうか。しばしば麻薬にもたとえられる原発マネーのしくみを概観し、原発に依存しない地域経済をどう作り上げるかを考える。原発立地自治体が、なすがままに原発経済への従属を強めている、との一面的解釈は回避したい。模範解答なき中で、未来への模索は続けられている。

　小浜・明通寺の中嶌哲演住職との対話から示唆を得て書かれたのが、第3章である。広島体験を原点に平和について考え、若狭に帰った後は反原発運動に尽力した半生は、よく知られている。原発立地の現状を生々しく語りつつも、地元、被害地元、消費地元の区別に基づく分析や、

■プロローグ
「3・11」から「2015年安保」まで

　2015年9月19日未明、集団的自衛権容認などを柱とする安全保障関連法が参議院本会議で可決された。憲法学者らが指摘する違憲性、十分な審理を尽くすための民主主義のルール、連日の国会前デモなどにより表明された強い反対世論。それらを一切無視した強行採決である。
　歴代自民党政権の中でも、ひときわ保守的色彩の強い安倍晋三首相。しばしば言われるように、彼の脳裏には、母方の祖父・岸信介元首相の影がある。国の根幹に関わる重要法案を強引に成立させることで、満身創痍になりながら信念（日米安保条約更新）を貫いた祖父を超えた、と思っているのだろうか。岸元首相は筋金入りの保守政治家だが、その行動は、政治的現実の中でぎりぎりの選択肢を考え抜いた厳しい決断に裏打ちされていた。安倍首相にはそれが感じられず、理念なきロマンティシズムだけが目立つ。
　それと並行して、戦後日本政治における他の重要問題でも大きな動きがあった。安保法成立にめどがつくのを待っていたかのように、沖縄米軍基地（普天間）の辺野古沖移設のための埋立工事を再開。8月11日には、九州電力川内原発が再稼働された。(1) いずれの場合にも、国民世論（および当事者の声）を無視した強権的姿勢が共通する。
　わずか1ヶ月の間の経験は、相互に関連するものとしてとらえられるべきである。

フクシマ以後の原子力をめぐる攻防
　2011年3月11日の東日本大震災に引き続き、東京電力福島第一原子力発電所（以下、福島原発という）で未曾有の大事故が発生した。それについては数多くの解説が出ているので（ただし全容は解明されてい

ない)、ここではくり返さない。日本の原発で重大事故は起こらないという安全神話は、事実をもって否定された(2)。東京電力管内で稼働中の原発はなくなり、「計画停電」なるものも実施された。しかし、夏場の電力需要ピーク時も含めてブラックアウト（停電）は起こらず、原発必要神話も疑わしくなった。

　福島原発事故以後、抗議行動は散発的に繰り広げられていたが、原発再稼働をめぐる攻防が本格化するのは、2012年に入ってからである。5月5日、北海道電力泊原発が定期点検のため運転停止し、42年ぶりに国内の原発稼働はゼロとなる。だが、野田佳彦政権（民主党）は6月8日、関西電力大飯原発の再稼働を決定。それに対する世論の反応は厳しく、安保闘争以来といわれる大規模な抗議行動を惹起した。金曜日の晩の首相官邸前デモが長期にわたって継続し、7月16日の「さようなら原発10万人集会」には17万人（主催者・「さようなら原発」1000万人署名市民の会が発表）が参加した。大江健三郎氏、坂本龍一氏、瀬戸内寂聴氏らをはじめ、著名人も登壇。8月には、政府が主催するものとしてははじめての討議型世論調査が、原子力発電の将来をテーマに実施された（122頁）。

　草の根市民運動の盛り上がりに押されるかたちで、民主党のエネルギー・環境調査会は、2012年9月6日、2030年代に原発ゼロをめざすとの提言をまとめ、政府は「革新的エネルギー・環境戦略」を9月14日に策定した。しかし、財界と米国の圧力で閣議決定を急遽見送り、単に「今後のエネルギー・環境政策については、『革新的エネルギー・環境戦略』を踏まえて、関係自治体や国際社会等と責任ある議論を行い、国民の理解を得つつ、柔軟性を持って不断の検証と見直しを行いながら遂行する」と決めただけだった(3)。11月16日に閣議決定されたエネルギー白書には「原発ゼロ」の言及はない。

　原子力問題をめぐる民主党の態度が煮え切らないのは、党内や支持基盤に対立する意見があるためといわれる。いずれにせよ福島原発事故は、結果的に、2009年以来の民主党政権に対する最後の一撃となった。2012年12月16日の衆議院議員選挙では自民党が政権に返り咲き、翌

13年7月21日の参議院議員選挙もこのトレンドを確認した。安倍首相の下で、日本は原発再稼働と原発輸出を進める。

2014年2月9日の東京都知事選挙では、元首相の細川護熙氏が突然立候補し、脱原発を一枚看板に選挙戦を展開した。脱原発派候補の一本化のために、宇都宮健児氏に立候補辞退を求める動きもあったが（しかも市民運動の側から）、脱原発の他に一致する政策が見当たらない「一本化」は受け入れがたいものだった。そもそも細川陣営が、どこまで本気で脱原発を追求する意思があったのかも疑わしい。細川氏を応援した小泉純一郎氏は首相時代に、原発輸出を支持する立場だったのだから（125頁）。都知事に当選した舛添要一氏は、事実上の原発容認派とされる。

脱原発世論の盛り上がりは一過性のもので、日本社会に何ら変化をもたらさなかった、というのは皮相な見方である。2014年5月21日、福井地方裁判所は、大飯原発3、4号機の運転差し止めを認める原告勝訴判決を下す。だが、同年11月には鹿児島県議会が、川内原発の再稼働を承認。その後、安倍首相は、突如、衆議院を解散。12月14日の総選挙の結果、自民・公明が362議席の安定多数を確保（投票率は戦後最低）。政府与党がアベノミクスへの信を問う選挙と喧伝する中、その他の争点はかすんだ。

2015年に入り、ふたつの判決が注目を集めた。ひとつは、福井地裁における高浜原発仮処分決定。もうひとつは、鹿児島地裁による川内原発再稼働差し止め仮処分申請の却下である。同様の事案に対し逆方向の司法判断が出ても不思議のない時代に私たちは生きているのだが（153頁）、こうした混乱状況の中にひと筋の光を見ることも不可能ではないだろう。

あるシンポジウムから

政治家レベルでも市民社会レベルでも、私が関わる政治学研究でも、パラダイム転換を求めて模索が続く。そのような中、2014年7月5日、東京の日本プレスセンターにて日本自治学会シンポジウム「原発と自治」

を聴講する機会を得た。パネラーとして参加したのは、新潟県知事の泉田裕彦氏、弁護士で元裁判官の井戸謙一氏、滋賀県知事（当時）の嘉田由紀子氏、早稲田大学法学学術院教授の首藤重幸氏、前茨城県東海村長の村上達也氏の5名で、行政法を専門とする首藤氏が、他の4氏の報告をふまえてコメントするというかたちで進行した。その発言の中から、特に印象的な部分を拾っておこう。(6)

　新潟県では2007年に中越沖地震が発生し、その時火災を起こした柏崎刈羽原子力発電所は運転が止まったままである。また、同県は東日本大震災に際し、福島県からの避難者を受け入れる決断をした。そうした経験を通じ、泉田氏は、住民の保護や避難の実務者として責任を負わねばならないのは自治体だが、その対策が国の原子力行政ではほとんど考えられてこなかったことを批判し、次のように述べる。

　「新潟の場合、柏崎刈羽から半径5キロ圏は即時避難区域ですが、ここには4万人の人が住んでいます。そうすると、医師が何人がかりで何日かけて（ヨウ素剤を）配るのでしょうか。……また、3歳未満のお子さんには、砕いて液体状にして飲ませる必要がありますが、これは調剤行為ということになっていて、薬剤師しかできません。いったい、薬剤師さんに誰がどうお願いしていくのでしょうか。これらのことは、一切議論されていません。すべて現場にお任せです。配れるわけがありません。……5キロから30キロ圏に40万人がおり、夜中、冬、雪が積もっているというケースで、数時間で円滑に、誰がどうやってヨウ素剤を配るのでしょうか。ヨウ素剤を備蓄することになっていますが、その辺の仕組みは全く考えられていません。5キロから30キロ圏というのは、いったん事故があったら、屋内退避指示が出ます。屋内退避ということは、放射性物質が飛んでくるので外に出ないでくださいということになります。外に出てはいけない人たちに1軒1軒、40万人に配って歩く人は誰なのでしょうか。自治体の職員なのでしょうか、自衛隊なのでしょうか。このように、できるわけがないことが全く手当てされていない、という状況になっているのです。」

　続いて発言した嘉田氏も、日本の原子力行政では事業者（電力会社）

の都合が優先され、万一の時に被害を受ける住民の命や自然環境が置き去りにされてきたことに批判的である。とりわけ東日本大震災後は、琵琶湖という1250万人の水源を預かる滋賀県知事として行動する中で、「被害地元」概念を提唱し注目された（86頁）。

「原子力防災計画は、地域防災計画をベースとする法体系のために、安全確保の責任が一義的に自治体に来ます。立地自治体は立地や再稼働に関する一定の同意権限がありますけれど、滋賀県は敦賀の原発から30キロ圏内ですが、立地自治体ではないので、本当に権限も情報も人を雇う予算も配分されておりません。これが、私が『被害地元』という言葉を生み出して声をあげはじめた理由でもあります。経済的な利益などは全くない、ただ被害だけを受ける地元、という意味です。そしてこの中で、特に今の原子力政策が今後どのような安全を確保できるのか、被害地元としては大変関心をもっております。」

人口稠密な日本では、いったん原発事故が起これば多数の住民が広域避難しなければならない地域は至るところにある。東海発電所もその例外でない。現役村長時代から「脱原発をめざす首長会議」の世話人を務めるなどしてきた村上氏のスタンスは明解だが、シンポジウムでの発言は、事態の深刻さを再認識させる。

「東海第二というのは、茨城県庁の所在地、水戸市が20キロ圏内、それから日立製作所の本拠地であります日立市、それからひたちなか市が10キロ圏内から20キロ圏内に入っています。20キロ圏内の人口は75万人、30キロ圏内は100万人もいるということです。……私は東海原発で避難計画を作るというのは、時間と労力、経費の無駄だと思っています。こういうところに本来、原発はあるべきではないからです。常識的にいえば、規制基準の中に原発立地審査基準というのがあるべきですが、それは全然含まれていません。……浜岡原発では、周辺12都県に対して、政府が避難者の受け入れを考えろという指示を出したようですが、こんなばかなことをやって浜岡を動かせるのかと思っています。そういうことが画策されている、これには呆れます。」

「国策」とは、典型的には、先の大戦で日本政府の指導の下に設立さ

れた特殊会社による占領地の支配開発を目的とするものだった。原発立地地域は、まさに国策推進のために植民地化されてきたのであり、そこから脱却する方途を村長として考えてきたという。「最終的には地方自立、そして地方主権と言ってきました。分権の域にとどまっている限り、われわれは経済的に原発に依存することから脱却できないのかと思っております」。

　井戸氏は、金沢地裁の裁判長として志賀(しか)原発2号炉訴訟を担当し(145頁)、退官後の現在は函館市が提起した大間原発の差し止め訴訟の弁護団を務める。数々の示唆的な論点の中でも、次の問いかけには興味を引かれる。

　「3・11のリアルな現実を見て、裁判官の意識はきっと変わっていくだろうと期待していました。それが、先日の大飯3、4号機の(福井地裁)判決で表れたと思います。あの判決は、文章としてはそんなに長くありませんが、非常にわかりやすくて、大変高い評価を受けています。私は、あの担当した裁判官が裁判官の矜持(きょうじ)を示したと感じました。行政庁の判断にとらわれずに、万が一にも過酷事故が起こる具体的危険があるかどうか、司法は司法として判断すると明言しました。『この具体的危険性が万が一でもあるのかの判断を避けることは、裁判所に課された最も重大な責任を放棄するに等しい』という一節があります。ここに裁判官の覚悟と思い入れが示されていると思います。問題はこういう判決が今後続いていくのか、また元に戻るのかということだと思いますが、それは今後の展開次第で何とも分かりません。ただ、私はこの判決がターニングポイントになって、裁判の流れが変わっていく可能性が十分あると思っています。」

「地元」概念の融解と地方自治

　シンポジウムの論点は多岐にわたるが、本書の問題関心からは次の3点が注目される。

　第一に、福島原発事故を機に、各地の原子力防災計画が根本的な見直しを迫られた。従来、避難対策は非常に限定的な範囲でしか考えられて

原発の必要性神話を問い直す視点の提示などは、実に明解である。大地に根ざして活動する人びとに注目することから、ともすれば観念論的になりがちな都会（消費地元）の運動との間に連帯を作り上げていくためのヒントが得られよう。

こうしてみると、原発とは究極の差別構造を内にはらんだ問題であることが分かるが、それについて掘り下げるのが第4章である。過酷な被曝労働や深刻な風下被害など、重大事故はなくとも放射能のリスクにさらされるのは、立場の弱い人たちである。敦賀には早くから原発が建設されただけに、その暗部を抉ろうとするルポルタージュも、この地を舞台に試みられた。そうした貴重な記録が散逸し忘却されないようにすることも重要だが、なぜそのような差別を許し助長してきたのかは戦後日本政治の根本問題としてとらえ直されるべきである。あえて草の根市民運動の弱点を批判的に問い直し、熟議民主主義、国民（住民）投票、原発輸出問題についても考えたい。

第5章では、大飯原発3、4号機再稼働をめぐって下された福井地裁判決を取り上げる。この判決は、この種の差し止め訴訟では原告側が敗訴するというこれまでの流れを変える兆しと思われた。だが、このような判決を書く裁判官はまだまだ少数であり、政府や電力会社は再稼働へ向け着々と準備を整える。日本の原発訴訟をふり返るとともに、脱原発派がそれを利用する可能性について検討する。

福島原発事故後に住民の広域避難がアジェンダ化する中、敦賀市民の県外避難受入先として、奈良県の4都市が名乗りを上げている。それまでほとんどつながりのなかった自治体間に、このようなきっかけで交流が生まれるのは興味深い。続けるにしても止めるにしても、未解決の問題を数多く残すのが原発。自治体レベルでどのような模索がなされているのかについて、情報を集めておくのは無駄なことではない。これについて扱うのが、第6章である。地方分権や自治体改革をめぐる近年の動向も紹介し、そこからオルターナティブは出てくるのか考察する。

原発推進の基底をなす、中央集権的政治機構と経済成長路線。戦後日本政治の常識に対する批判的検証が、全編を通じて貫かれる問題関心で

あり、「原子力ムラはどこにある」とは自省の念を込めた問題提起である。

(1) その直後に出された電気事業連合会会長(関西電力社長)の談話は、原発再稼働を収支改善につなげたい電力各社の意向を反映する (2015年8月12日『朝日新聞』7面)。
(2) 1971年に環境庁が発足した時、通産省(当時)との綱引きもあって環境庁のモニタリング項目に放射性物質が入らなかったことや、2012年に原子力規制委員会に移行するまでは原子力安全・保安院が資源エネルギー庁に属していたのも、安全神話が前提となっていたためと考えられる。
(3) 石坂悦男編『民意の形成と反映』(法政大学出版局、2013年) 229頁。
(4) 宇都宮健児『「悪」と闘う』(朝日新聞出版、2014年) 14頁。
(5) 共同通信のアンケートによれば、原発再稼働の地元同意手続きの対象を立地自治体(鹿児島県および薩摩川内市)に限定した「川内方式」を妥当とするのは、原発の半径30キロ圏内の全国160自治体のうち35自治体にすぎなかった (2015年1月5日『奈良新聞』10面)。
(6) シンポジウムの記録・資料は、同学会のウェブサイト (http://www.nihonjichi.jp/) からダウンロードできる。本稿での引用は、このファイルに依拠した。
(7) 結成は2012年4月28日。設立の趣意や経緯、主な参加者については、石坂前掲書227〜228頁を参照のこと。

第1章　若狭への視点

　単線の長大鉄道トンネルを、時速160キロの特急列車が駆け抜ける。在来線でこれだけの高速運転ができるのは、全国でも、北越急行ほくほく線のみ。新潟県の山間部を貫く第三セクター鉄道として1997年に開通。以来、上越新幹線と接続し、北陸と首都圏を結ぶルートの一翼を担ってきた。だがそれも、あと20日ほどのこと。
　2015年2月、私たち研究グループは、若狭湾の原発立地自治体で調査を行った。私が乗り込んだ列車は、越後湯沢発金沢行き「はくたか2号」。偶数番号がつけられているのは、北陸本線（在来線）では、直江津から富山、金沢を経て大阪、名古屋方面に向かうのが上りだから。3月14日に開業する北陸新幹線では、終点の金沢まで下りとなる。

1．「原発銀座」の形成

原子力時代の幕開け

　1953年12月の第8回国連総会にて、米国アイゼンハワー大統領は、「核エネルギーの平和的な利用」を提唱し、そのための協力の用意を表明した。「アトムズ・フォー・ピース」として知られる演説である。
　米国は当初、核エネルギーに関する一切の情報を機密化する意向だったが、ソ連の核実験成功により「核の一国優位」が崩れる中、同盟国・友好国に原子炉および関連技術を売り込む路線に転じる。核エネルギーの発電利用ではソ連や英国に遅れをとっていた米国が、原発売り込み競争で他国の後塵を拝するのは経済的・外交的損失だからである。核兵器の拡散を防ぎつつ原子力の商業利用を世界的に進めるという戦略の矛盾は、「非核兵器国」の原子力活動の多くが国際原子力機関（IAEA）

の普遍的規範と「供給国」によるケース・バイ・ケースの二重の保護措置下に置かれる、というかたちでも表れた。

ハイリスクな原子力発電事業に民間企業を参入させるには、政策的措置が必要である。米国が世界に先駆けて原子力損害賠償制度を導入し、事故の際の一定額以上の事業者責任を政府が補償することとしたのはそのためである。これが、日本の「原子力損害の賠償に関する法律（原賠法）」のモデルとなった。米国政府はまた、原子力プラントの輸出に際しては、メーカーやサプライヤーを免責する制度を導入するよう、受領国政府に要請した。日米原子力協定（1955年）の細目協定には、濃縮ウラン燃料の引渡後に起きた事故については米国政府は一切責任を負わない、とする条項が含まれる（その後の日英間の原子力協定にも同様の免責条項がある）。日本としては、そうした制度を「自国の原子力産業の創設、育成に不可避なものとして受け入れ」ざるを得なかった。[1]

「アトムズ・フォー・ピース」演説に「原子力の平和利用」の訳語を当てた日本では、それにより軍事利用とは別物とのイメージを与えつつ、原子力発電の推進を正当化する戦略がとられた。[2] 原子力政策の礎石を作った、ふたりの重要人物がいる。ひとりは正力松太郎氏。読売新聞社主として1955年から原発推進キャンペーンを組み、それを公約に政界進出し、原子力委員会の初代委員長に就任する。もうひとりは中曽根康弘氏である。

1954年3月、中曽根氏ら改進党（当時）の若手議員は、突如として2億3500万円の原子力予算を盛り込んだ補正予算案を衆議院予算委員会に提出する。「平和利用」は口実で、将来日本が核兵器を持つことを視野に入れていたのではないか、との観測はあった。まだ態度が固まりきっていなかった科学者には、基礎研究から始める調査費だと説明し、強行突破作戦で翌月には予算を通過させる。当初は反発していた野党やマスコミも容認姿勢に傾き、政界では全党挙げての原子力推進体制が構築されつつあった。[3]

1955年10月には、法体系整備のため衆参両院合同の原子力合同委員会が発足し、委員長には中曽根氏が就任した。合同委員会の作業を経

て、12月16日、原子力基本法、原子力委員会設置法、総理府設置法改正案（総理府内に原子力局を設置）のいわゆる原子力三法案が参院本会議で成立した。56年3月から4月にかけ、科学技術庁（総理府原子力局から改組）設置法や日本原子力研究所法、原子燃料公社法などが相次いで可決された。(4)

　1955年は、大規模な政界再編成（55年体制）の年として知られる。それと並行して、戦後日本の原子力政策の枠組みが出来上がったのが興味深い。注意すべきは、革新政党や反核・平和運動勢力も含め、原子力エネルギーを容認する声が強かったことである。同年8月、原水爆禁止署名運動から発した原水禁世界大会は、「原子戦争をくわだてている力をうちくだき、その原子力を人類の幸福と繁栄のためにもちいなければならない」と宣言する。再統一を果たした社会党は「科学技術ならびに原子力の平和利用を推進」を掲げ、自由民主党とともに、12月国会での原子力基本法成立の原動力となる。1956年の総評メーデーが「すべての原水爆反対、原子力の平和利用の推進」と決議すると、原子力法案に反対した共産党までもが原子力の平和利用を支持する。(5)

　こうした状況が戦後日本の平和運動に与えた影響については、第4章第2節で再論する。

敦賀原発の建設

　1957年11月、日本原子力発電株式会社（日本原電）が設立された（第2章第2節）。同社が事業主体となって茨城県東海村に計画した日本初の商業用原子炉は、1960年に着工し、66年7月25日に営業運転を開始した（1998年運転終了）。

　それに続き建設されたのが、日本原電敦賀発電所1号機である。出力35万7000キロワットの沸騰水型軽水炉（ＢＷＲ）である。発電した電力は関西電力、中部電力、北陸電力に売電される。東海発電所（1号機）が英国式コールダーホール（ガス冷却）型原子炉として建造され、出力も小さく（16万6000キロワット）採算性に優れなかったのに対し、敦賀1号機は商業的に成功した事実上最初の原子炉と言える。

第1章　若狭への視点

19

建設地は敦賀市浦底地区。敦賀半島先端近くの漁業集落で、市の中心部からは10数キロの道のりである。付近には福井県水産試験場もある。多くの原発立地では、用地取得が焦点だった。敦賀では、1962年5月、福井県知事の意向を受けた市長が、市議会各派の幹部を呼んで原発建設への協力を求めた。同年9月の市議会は、退席した市議4名を除く20名の賛成で原発誘致を決議。その3ヶ月前には県開発公社が地元代表者と用地売買契約を交わし、直後に日本原電に転売されていた。[6]

労働組合や自然保護グループの抗議はあったが、建設を阻止できなかった。地元は、反対一色というわけでもない。当時は、原発の危険性は今日ほど広く知られていなかった。それに比べて、原発誘致の経済的メリットは大きいと思われた。とりわけ重要なのが、陸の孤島とよばれた敦賀半島に、工事のための道路が作られたことだろう。それは、西浦地区（敦賀湾に面した敦賀半島東側海岸）の悲願だった。

1966年に着工された敦賀1号機は、70年3月14日に運転を開始する。同日、大阪で開幕した万国博覧会に送電され、「原子の灯」として注目された。

その後のことにもふれておこう。敦賀2号機（加圧水型軽水炉、出力116万キロワット）は、1987年2月17日に運転を開始する。沸騰水型と加圧水型（PWR）が同一敷地内に併存するのは、パイオニア企業としての日本原電の性格を反映している。現在はいずれの原子炉も運転停止中で、隣接する新型転換炉「ふげん」（1978〜2003年）も日本原子力研究開発機構原子炉廃止措置研究開発センターの下で廃炉作業が行われている。さらには、2015年3月17日には、日本原電は老朽化した敦賀1号機の廃炉を決定する。

敦賀市内には、原子力関連施設や官庁の出先機関が点在する。日本原電が開設するPR施設としては、「敦賀原子力館」が発電所を見下ろす高台にある。オフサイトセンター機能を持つ「福井県敦賀原子力防災センター」は、敦賀発電所から約13キロ離れた金山地区にある。若狭湾一帯の環境放射線モニタリングを行う「福井県原子力環境監視センター」は吉河地区にあるが、ここには原子力の科学館「あっとほうむ」が併設

される。他にも、日本原子力研究開発機構が開設する「アトムプラザ」、「アクアトム」(2012年3月閉館)、敦賀市児童文化センター「アトムASOBOランド」がある。

1998年に開所した「若狭湾エネルギー研究センター」(7)では、福井県が2005年に策定したエネルギー研究開発拠点化計画に基づくさまざまな事業が推進される。同センター内には国際原子力人材育成センターが設置され、東アジアを中心とした原子力関連の人材育成も行われている。このことは、単なる研究開発や地域振興策を超え、原発輸出(第4章第3節)との関連でも留意すべきである。敦賀駅前にある「福井大学附属国際原子力工学研究所」(2012年竣工)も、エネルギー研究開発拠点化計画のための施設である。敦賀きらめき温泉「リラ・ポート」は、電源三法交付金を使って建てられたリゾート施設。赤字続きで、2011年度には5751万円を一般会計から持ち出した。同様の施設は他にもあるが、市の財政担当者は「集計していないのでわからない」という。(8)

若狭湾への原発集中（美浜）

1960年代から70年代にかけての時期に、話を戻そう。敦賀に続き、若狭湾には相次いで原発が建設された。もちろん反対運動は各地であった。その間の筆舌に尽くせぬ経験は原子力発電に反対する福井県民会議編『若狭湾の原発集中化に抗して』(2001年)などに譲るとして、ここでは集中立地の経過のみ確認する。

三方郡美浜町。その名のとおり、敦賀半島の西側には美しい浜辺が連続するが、とりわけ水晶浜は若狭湾でも随一の美しい海水浴場である。エメラルド色の海は人気が高いが、その至近距離に3つの巨大なドームがそびえ立つ(次頁写真1)。半島からさらに突起状となった地形に原発が配置され、対岸の丹生地区とは橋で結ばれる。この丹生大橋は発電所専用道路で一般車両は通行できないが、橋の入り口には「美浜原子力PRセンター」がある(次頁写真2)。「福井県美浜原子力防災センター」は美浜町佐田にある。

1970年11月28日、美浜発電所1号機が営業運転を開始する。敦

【写真1】水晶浜より望む美浜原発（撮影：福田宏氏）

【写真2】美浜原発に至る丹生大橋の脇にある、関西電力美浜原子力PRセンター（撮影：福田宏氏）

賀1号機とほぼ同時期に計画・建設されたが、いくつかの相違点がある。まず、事業主体が関西電力であること。すなわち美浜1号機は、一般電力会社が運営する最初の原発である。加圧水型軽水炉というのも初の試みだが、これ以降若狭湾に建造される原発（「ふげん」と「もんじゅ」を除く）はこのタイプである。間髪を置かず美浜2号機が建造され、

72年7月25日に運転を開始する。3号機の営業運転開始は76年3月15日だが、出力も建設費（石油危機による物価高騰を考慮する必要がある）も格段に大きくなっている。

1980年代初頭、ルポライターの鎌田慧氏がこの地を取材している。原発建設予定地での住民説得や用地買収がどのようになされたか、反対運動がどのように籠絡されたのかについての記述が、興味深い。建設当時の1962年頃、丹生地区は集落内で賛成と反対に分かれて揺れ動いていたが、やってきたのは賛成派の学者だけである。住民たちは、いわば原発推進時代の最先端の重みを、わずか68戸で耐え、敗退した。あとは既成事実の積み上げと諦めの拡大。最初の1基が造られてしまえば危険は同じで、ひたすら政府や電力会社を信頼して原発とともに生きていくしかない。

美浜原発では、当初より事故が相次いだ。1991年2月には、2号機の蒸気発生器の伝熱管の破断により、日本の原発でははじめて緊急炉心冷却装置（ECCS）が作動する。2004年8月には、高温高圧の二次系冷却水が噴出して死傷者を出した。美浜1、2号機は、敦賀1号機と同様、2015年3月17日に廃炉が決定された。

若狭湾への原発集中（高浜、大飯、もんじゅ）

青葉山（次頁写真3）が見下ろす大飯郡高浜町は、福井県最西端の町。関西電力高浜1、2号機は、それぞれ1974年と75年の11月14日に運転を開始する。3号機の運転開始は85年1月17日だが、2011年以降はMOX燃料を装荷しプルサーマル運転を行っている。85年6月5日運転開始の4号機もプルサーマル対応だが、東日本大震災後の状況変化の中で延期されている。

3、4号機増設計画に際しては、敦賀市・本蓮寺の後藤日雄住職と小浜市・明通寺の中嶌哲演副住職（当時）が、1977年9月、福井県庁に隣接する公園で無期限の断食を行うなど、激しい反対運動が展開された。また、1980月1月17日に実施された「公開ヒアリング」は全国に先駆けた前例となったが、住民の意見を聞き、安全を確認したという

第1章　若狭への視点

【写真3】若狭和田海水浴場（高浜町）より望む青葉山。その山容の美しさから「若狭富士」とよばれる（筆者撮影）。表紙カバー写真も参照

形式を作り上げるセレモニーにすぎなかった。⁽¹¹⁾

　原発とはやや離れた青戸地区にＰＲ施設「若狭たかはまエルどらんど」が、薗部地区に「福井県高浜原子力防災センター」がある。

　大飯郡おおい町（町名表記は2006年以後のもの）では、1号機が1979年3月27日、2号機が同年12月5日にそれぞれ運転を開始した。秘密裡に誘致を進めた町長に対する解職請求（リコール）もあったが、新町長に対して行政や関西電力からの圧力もあって工事が再開された。町を二分した論争は、反原発運動の高揚に対抗するかたちで、民間ベース（ただし政界・財界の支援がある）の推進運動も活性化させる。「原子力の理解を広める活動を行なう団体を結成し、若狭の住民に対して積極的に普及していく」目的で、1972年1月、福井県原子力平和利用協議会（原平協）の結成総会が小浜市で開かれた。⁽¹³⁾

　3号機は91年12月18日、4号機は93年2月2日に運転開始。これらの増設計画が持ち上がったのは、敦賀1号機の放射能漏れ事故（110頁）直後の1981年末のこと。公開ヒアリング反対の集会・デモに県内外から参加した2600人を機動隊員1500人、警官隊400人が「制圧」。金力・権力・（国家）暴力を総動員しての強行突破だった。⁽¹⁴⁾

　大島地区にＰＲ施設「エル・パーク・おおい」が、成和地区に「福井県大飯原子力防災センター」がある。なお、大飯3、4号機は、福島原

発事故後に再稼働した最初のケースであり、その後の差し止め訴訟（第5章）とあわせ注目された。

　敦賀市白木地区へは、市の中心部から直接行けない。美浜原発の立地する美浜町丹生より峠を越えて到達する。朝鮮半島の新羅国が地名の由来とする説さえあるほど、古来より人の定住・往来の記録があるが、近代以降の発展からは取り残された陸の孤島のそのまた孤島である。同地区に高速増殖炉「もんじゅ」（日本原子力研究開発機構）の原子炉設置許可が下されたのは、1983年5月（写真4）。

　燃料のプルトニウムは毒性が極めて強く、兵器転用の可能性も排除されない。そのような危険なものを地元が受け入れた（受け入れざるを得なかった）背景には、交通インフラ整備の遅れがあった。高速増殖炉は、燃やした分より多くの燃料を産出する「夢の原子炉」と謳われた。だが90年代には、フランスのスーパーフェニックスの中止をはじめ、先進諸国が技術的困難などから撤退し、日本は核燃料サイクル（核燃料再処理＋高速増殖炉）に固執する数少ない国となった。

　もんじゅでは1995年に二次冷却系でナトリウムが漏出し、火災が発生する。2010年5月に運転が再開されるも、すぐに事故を起こして停

【写真4】敦賀市白木集落（漁港）の至近距離にある高速増殖炉「もんじゅ」（撮影：福田宏氏）

止し、営業運転のめどは立っていない。原子力規制委員会は、2013年5月、事実上の運転停止命令を出したが、もんじゅは、運転しなくても1日5500万円の維持費を要する。ついに2015年11月13日には、運営見直しを迫る原子力規制委員会勧告が出され、核燃料サイクル事業は正念場を迎えた。

そして気づけば原発銀座

「原子力発電に反対する福井県民会議」は、1976年7月、社会党系の県労働組合評議会や県内各地域の市民団体を組織化して誕生した。結成時から携わってきた小木曽美和子事務局長は、「各地の小さな団体では推進の流れを止められなかった。全県的な運動で、いかに世論を大きくするのかの一点だった」と当時を思い起こす。他に、敦賀市議会の原発誘致決議（20頁）に際して退席し、その後「高速増殖炉など建設に

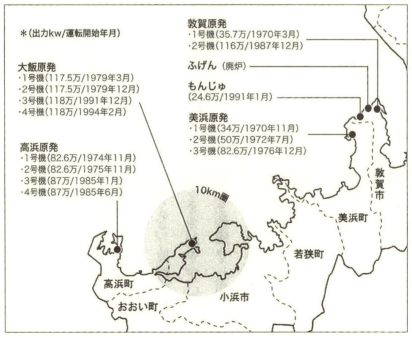

【図1】若狭湾の原発地図　出典：小出裕章・中嶌哲演『いのちか原発か』（風媒社 2012年）65頁

反対する敦賀市民の会」代表委員を務めた吉村清氏らも参加する。県民会議は、既設原発の安全性監視、新規増設の反対、もんじゅ建設反対を活動の3本柱に据えた。

　県民会議は、社会、共産両党が共闘するという全国的にも珍しい反原発組織だった。[16]共産党の猿橋巧おおい町議は、「社・共が互いに補完し合い、住民と一緒に運動してきた」と語る。1994〜95年の敦賀3、4号機増設に反対する署名活動では約21万3000人分を集め、計画を2000年まで白紙化させる。原子力資料情報室の西尾漠共同代表は、「さらなる増設の可能性があった中で、歯止めを掛けた働きは大きい」と労組や政党、市民が力を合わせ、長年にわたり存在感を示してきた県民会議の運動を評価する。

　そうした反対運動にもかかわらず、結果的に、福井県への原発集中は既成事実となっていく。2014年12月までに日本では59基の原発（運転終了したものや稼働実績のないものも含む）が建造されたが、このうち15基が集中する若狭湾は文字どおりの「原発銀座」である（図1）。[17]つまり、福島県（10基）や新潟県（7基）を上回り、福井県は最も原発の多い県である（次頁図2）。福井県は人口約80万6000人（全国比0.6％）で、47都道府県中5番目に人口が少ない。[18]これはすでに、財政基盤が弱く中央から遠い地域が原発立地になりやすいことの例であるように思える。[19]

　このような議論は一般的傾向としては正しいのだが、福井県をひとくくりにして考えたのでは、問題の本質を見過ごしてしまう。他の原発立地がそうであるように、福井県内にも重層的な地域間格差が存在するからある。

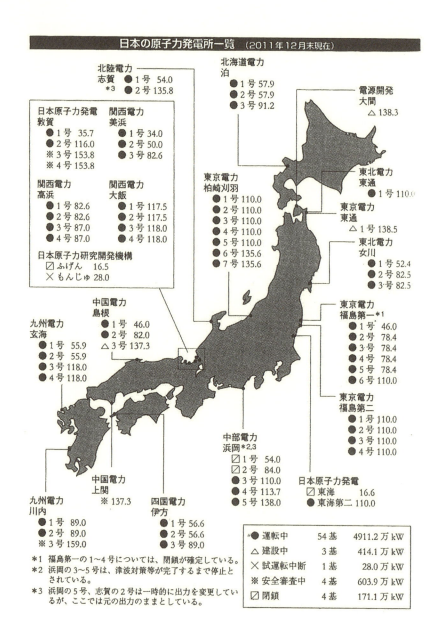

【図２】日本の原発地図　出典：中嶌哲演・土井淑平『大飯原発再稼働と脱原発列島』226頁

2．知られざる県内格差の問題

「白い花咲く故郷」とは

　若狭が生んだ最大のエンターティナーといえば、歌手の五木ひろしだろう。その代表曲「ふるさと」（山口洋子作詞、平尾昌晃作曲、1973年）には次のような一節がある。

　　　祭りも近いと汽笛は呼ぶが　洗いざらしのＧパンひとつ
　　　白い花咲く故郷が　日暮れりゃ恋しくなるばかり
　　　ああ　誰にも故郷がある　故郷がある

　この歌詞は、どこか特定の地域をモデルにしたというよりは、故郷を離れ都会で暮らす人の望郷の念を綴ったものと考えられよう。だが、いったん世に出ると、作詞家の意図を超えてさまざまな解釈が加わるのが大衆芸術の常。

　五木ひろしは、福井県出身と紹介されることが多い。歌い手の強烈な印象と結びつく時、人々は「ふるさと」の歌詞からどのようなイメージを描くだろうか。故郷に咲く「白い花」とは。福井県の県花の越前水仙だろうか。だが五木ひろしの出身地の若狭に、水仙は自生しない。

　そういえば、若狭出身の作家・水上勉の代表作のひとつも『越前竹人形』である。

　県外の人にとり、越前と若狭の区別はさほど重要でないかもしれない。だが、北国街道の難所の木ノ芽峠（古名は木嶺）を境にして、文化圏を異にするほどの違いがある。そこに県内格差の問題が重なる。「嶺北地方」と「嶺南地方」という地元の言い方は、言い得て妙である。原発が立地するのは嶺南（若狭）地方で、福井市を中心とする嶺北（越前）地方に原発はない。

　ついでながら、電力供給では、嶺北地方および敦賀市が北陸電力の、敦賀を除く嶺南地方が関西電力のエリアである。

越前と若狭

　福井県の誕生は、他県より遅い。廃藩置県（1871年）以後もたびたび変化があり、越前地方は石川県に、若狭地方は滋賀県に属していたが、1881年に両地域が統合されて福井県となった。嶺北と嶺南という言い方も、この時以来のものである。

　福井県の人口のうち、8割以上が嶺北地方に居住し、約3分の1が福井市に集中する（このような人口構造の県は珍しくない）。市の数が嶺北地方は7つを数えるのに対し、嶺南地方では敦賀市と小浜市の2市にすぎない（もっとも、原発立地自治体は合併を好まない[20]という事情もある）。行政、経済、交通、文教政策、マスメディアなど、あらゆる活動は県庁所在地である福井市を中心に行われている。原発に関しても、建設や（再）稼働の許認可権を有するのは県知事であり、原発訴訟も福井地裁で行われてきた。

　若狭の人たちからすれば、自分たちの頭越しに重要なことが、原発立地でない福井市で決められている、との印象があるかもしれない。中嶌哲演氏は、若狭への原発集中の基底にある差別構造のひとつとして福井県の「南北問題」に言及する[21]。同時に、若狭の中の多様性も、見過ごされるべきではない。

　福井県嶺南地方は、2市4町からなる（図1および図3）。東から順に、敦賀市、三方郡美浜町、三方上中郡若狭町、小浜市、大飯郡おおい町、大飯郡高浜町で、いずれも若狭湾に面している。いわゆる平成の大合併による再編成は小幅で、山間部の遠敷郡上中町（おにゅう）が三方郡三方町と合併して若狭町となったこと、遠敷郡名田庄村がおおい町に編入されたことぐらいである。

　古来より若狭には港が開け、この地より畿内に塩や海産物を運ぶ通商路も発達した。大陸（朝鮮半島）から伝来した文化も、この道を通って京や大和に伝えられた。しかし近代以降、鉄道の幹線から外れた若狭（敦賀を除く）は、交通の不便な地域となった。

　2市4町のうち、原発が立地するのは1市3町である。逆に言えば、

第1章　若狭への視点

	読み	人口	世帯数	面積
福井県		803,505	286,201	4190.43
1. 福井市	ふくいし	267,355	99,530	536.41
2. 敦賀市	つるがし	67,835	28,220	251.34
3. 小浜市	おばまし	30,590	11,837	233.09
4. 大野市	おおのし	35,251	11,742	872.43
5. 勝山市	かつやまし	24,880	8,091	253.88
6. 鯖江市	さばえし	68,963	22,869	84.59
7. あわら市	あわらし	29,359	10,018	116.98
8. 越前市	えちぜんし	83,767	29,105	230.70
9. 坂井市	さかいし	93,531	30,569	209.67
10. 永平寺町	えいへいじちょう	19,362	6,203	94.43
11. 池田町	いけだちょう	2,888	992	194.65
12. 南越前町	みなみえちぜんちょう	11,272	3,506	343.69
13. 越前町	えちぜんちょう	22,988	7,339	153.15
14. 美浜町	みはまちょう	10,092	3,712	152.34
15. 高浜町	たかはまちょう	10,841	4,177	72.40
16. おおい町	おおいちょう	8,613	3,211	212.19
17. 若狭町	わかさちょう	15,918	5,080	178.49

福井県 HP　http://www.pref.fukui.jp/doc/toukei-jouhou/shimachi_list.html
総務省「平成27年住民基本台帳人口・世帯数、平成26年度人口動態（市区町村別）」
国土地理院「平成26年全国都道府県市区町村別面積調」から作成

【図3】福井県の市町

若狭町と小浜市に原発はない。そこでは、近隣で原発事故があれば被害が及ぶ可能性が高い。それでも原発関係の交付金が入らないという意味で、原発立地自治体とは天と地ほどの差がある。

　なぜある自治体は原発立地となり、ある自治体はそうならなかったのか。敦賀と小浜の対照的な選択をはじめ、多様性に富む若狭の自治体がそれぞれ異なった道を歩んできたことは、注目されてよい。

斜陽化する交通の要衝と原発

　敦賀市（人口約6万8000人）は行政的には福井県嶺南地方の中心都市だが、この地を若狭に含めるのは厳密には正しくない。古くは越前国敦賀と称されたこともある。ただし嶺北地方の人に言わせれば、敦賀は別の文化圏である。越前でも若狭でもない微妙な位置が、敦賀の実情に近いのかもしれない。

　天然の良港に恵まれながら、残り三方は山に面した隔絶された地形。そんな敦賀が飛躍的に発展するきっかけは、1884年に北陸本線の長浜・敦賀間が開通したことである。それは、急勾配の連続する難所中の難所だった。県境には、機関士が恐れた魔の柳ヶ瀬トンネル[22]。路線変更された現在、昔の面影はないが、峠越えの険しさに思いを馳せるのはさほど難しくない。北陸自動車道が、旧北陸本線のルートをほぼ継承しているからだ。

　船が交通の主力だった明治時代。日本海と琵琶湖が鉄道で結ばれることは、一大物流革命を意味する。敦賀は、関西・中京圏からも近く、本州の日本海側では鉄道アクセスのある唯一の港となった。荷扱いが多く、両方向に峠越えの難所を控える敦賀には、鉄道輸送の重要地点として機関区が置かれた。

　鉄道の延伸により港の荷扱いが減少したことはあるが、その後はむしろ、外国貿易の重要港湾として存在感を高める。1902年には、シベリア鉄道と接続する航路が開設される。東京から直通の「欧亜連絡国際列車」が乗り入れ、この地がヨーロッパへの玄関口となった（写真5）。横浜からの航路で渡欧すれば1ヶ月かかったのが、このルートでは東京・

第1章 若狭への視点

【写真5】旧敦賀港駅(欧亜連絡国際列車発着駅)は復元され、現在は敦賀鉄道資料館となっている(筆者撮影)

【写真6】明治40年頃の敦賀港
　出典:福井県立歴史博物館所蔵資料

パリ間が17日。全国屈指の貿易量を扱い、港町敦賀は黄金時代を迎えた(写真6)。

　だが非情な時の流れは、船とレールに支えられた地方都市の繁栄を追い越していく。ウラジオストックとの定期航路は1941年に終了し、戦後も再開されることはなかった。さらには、自動車や航空機の発達。敦

賀機関区には、相次ぐ合理化で職を失った機関車の姿が目立つようになる。やがてそれも廃止され、広大な遊休地となっている。敦賀駅の所在地住所は、鉄輪町(かなわ)。今となってはこの町名のみが、敦賀が鉄道の近代化とともに歩んだ街であることを伝える名残りなのかもしれない(写真7)。

原子力発電所の誘致は、これといった大きな産業もなく斜陽化し

【写真7】敦賀機関区横に立つ「交流電化発祥の地」の碑。敦賀は鉄道の近代化とともに歩んだ街である。だがそれは、峠越えの難所の中継点に置かれた敦賀機関区が存在意義を薄れさせていくことを意味した
出典：敦賀市立博物館発行「敦賀長浜鉄道物語／敦賀みなとと鉄道文化」62頁

ていく敦賀にとり、過日の栄光を取り戻す期待の星だったはずである。

日本原電敦賀1号機を皮切りに、若狭湾に次々と原発が建造されたのは、上述のとおり。敦賀は、全国原子力発電所所在市町村協議会（全原協）[23]の事務局を置くなど、原発推進のリーダー的役割を果たしてきた。原子力関連施設や研究所、官庁の出先機関も多い。

日本海の交通の要衝は、原子力の街に変貌を遂げたのである。

原発より市民の豊かな心を

小浜市は、古来より若狭の中心だった。現在の人口は約3万1000人で、福井県内の都市では3番目に小さく、財政事情は厳しい。古い寺や文化財が随所に存在し、「海のある奈良」とも言われる。純朴、あるいは保守的な土地柄と言えよう。先に、小浜に原発はないと書いたが、原発誘致計画がなかったという意味ではない。むしろその逆で、地道な反対運動を通じてそれをはね返してきたのである。

誘致計画とそれに対する反対運動は、2波にわたって展開された。ことの発端は、1966年4月に、関西電力小浜原発設置をめざす現地調査が行われたこと。1968年から69年にかけては市長や市議会が誘致に積極姿勢を示し、地元漁協が誘致賛成派と反対派に割れるなど、事態の緊迫化が見られた。そうした中、71年末には「原子力発電所設置反対小浜市民の会」が結成される（78頁）。原水禁運動も反原発運動も全国レベルでは分裂していた状況下での困難はあったが、後述する3つの共通目標の下、一般市民にも広く団結を呼びかけた。こうして72年度中には、鳥居史郎市長は「市民に不安のある限り誘致はしない」と言明し、計画は事実上断念された。

　1975年12月市議会の最終日、傍聴席で3人の関西電力社員が見守るだけの中、「発電施設の立地調査推進決議（案）」が保守系会派の民生クラブから提案される。市民の会はすぐさま反対運動を再開させるが、市議会は翌年3月、同決議案を可決した。しかし、この時市長の座にあった浦谷音二郎氏は、民生クラブに支えられていたが、「財源（原発）を取るか、豊かな市民の心を取るか。私は市民の豊かな心の方を取りたい」と答弁し、先代市長と同じく誘致拒否の結論を出した。[24]

　これで終わりではなかった。「使用済み核燃料中間貯蔵施設」の誘致問題が、1999年頃からくすぶり続けていた。中間貯蔵施設といえば、借金財政にあえぐ青森県むつ市が誘致を決めていたが、それが2004年の小浜市長選挙の争点となった。この間、市民の会加盟各団体の組織的力量は明らかに衰退していたが、阻止運動を展開し、反対署名（賛成派署名を大きく上回る）を集めた。市議会はそれを無視するかたちで「誘致推進に関する決議」を可決したのである。7月の市長選挙では、誘致反対を公約した村上利夫市長が、誘致派の市長候補を破り再選を果たした。

　村上市長は2008年で退任するので、次期市長の下での中間貯蔵施設誘致の行方が注目された。立候補予定者に浮上した松崎晃治氏は、先の市長選挙で誘致派候補を支援した人物である。市長選に向け、市民団体が企画した公開討論会や公開質問状などで、同氏が誘致を否定する言明

第1章　若狭への視点

を行うと、対立候補は出馬を断念。無投票当選を果たした松崎市長は、公約どおり誘致を行わなかった。

　こうして小浜市には、今日に至るまで、原発も関連施設も建造されていない。福島原発事故1ヶ月後の一斉地方選挙（2011年4月24日）で改選された市議会は、6月、全国の市町村に先駆けて「原子力発電からの脱却を求める意見書」を全会一致で決議し、地方自治法の規定に従い政府と国会に提出した。大飯原発3、4号機再稼働をめぐり、12年5月1日には小浜市でも国の説明会が開かれたが、そこでは、市長、議長、一般市民の団体代表たちから、拙速な再稼働批判や、「安全協定」のおおい町並の改定要求などが続出した。(25)

　小浜市にある福井県立若狭図書学習センターには「原子力コーナー」が設けられ、原発関連の資料を集めた貴重な情報源となっている。

過疎の悲しさから身を起こして

　大飯郡おおい町は、人口約9000人。名田庄村との合併（2006年）前の旧大飯町は約6000人である。原発が立地するのは、半島先端部の大島地区。ご多分に漏れず陸の孤島で、対岸（半島部の人は「本土」と

【写真8】「道の駅うみんぴあ大飯」と青戸大橋（写真右）
陸の孤島・大島半島の人にとり、対岸地区と結ぶ橋の建設は悲願だった。現在、この地区では原発マネーを使ったリゾート開発が進む（筆者撮影）

いう）と結ぶ橋や道路の建設は悲願だった（写真8）。大飯町役場で原発誘致の実務を担当した永井學氏は、当時をふり返り、次のように述べる。

「起死回生のための企業誘致が一つの大きな願望でした。というのは、昭和30年代に大飯町は災害復旧が第一だったのです。災害復旧はカネがいります。町の台所は火の車でした。財政再建団体の指定も受けた訳です。苦しい一時期がありました。そのために永谷刀禰町長は道半ばで病死された訳です。それを受けられたあとだから、財政再建には企業誘致が大事だ、雇用拡大が大事だと。農業がだんだん衰退していくだろうと。ということで、（時岡民雄町長は）いろんなところに参上し要請されましたけれども、結局、来てくれる企業はありませんでした。というのは、当時は道路があきませんし蒸気機関車でしょ、輸送面がだめです。それと、一番大きな要因は、それは今でもそうですけれども、若年労働力の不足です。残っているのは中高年労働力だけです。そんなところに先端技術であるハイテク企業は来てくれません。」

このような厳しい状況下で、大飯町が数少ない選択肢である原発誘致へと向かった様子は、次の言葉にも表れている。「それは、どこでも一緒じゃないですか。要するに福井県のそういう動きを見て、敦賀なり、美浜なり、高浜なりが動かれたのじゃないですか、地元が。だから、大飯町もそれに做ったということでしょう。記録にも、『福井県から誘いがあった』という記述はありませんね」。[26]

永井氏は、1933年に福井県大飯郡本郷村（現在のおおい町の中心部）で生まれ、企画財政課長、収入役、助役を歴任。原発関係者や反原発運動への対応、地域振興策、さらには退任後の福島原発事故などをめぐり、生々しい証言が続く。インタビューを行った研究グループによれば、「過疎の悲しさ」を背景とした微妙な反骨精神が、永井氏をして、発電所受け入れに不可欠な気骨の実務家たらしめた。その上で、同氏が求めるのは「尊厳の承認」であるように思われるという。「悲痛な声」のなかからの「涙と汗」の40年という尊厳への理解。[27]

問われるべきはそのような尊厳を踏みにじってきた政治構造のほうで

はないか、との反論はあり得よう。だが、原発推進派として地元とともに生きた人の証言は、本書の意図とはまた違った意味で、原発立地の複雑な事情を知る貴重な記録である。

　貧しさから身を起こしたおおい町出身の著名人として、忘れてはならないのが作家の水上勉である。チェルノブイリ原発事故後、原発を扱った作品を集中的に発表する。長編小説の中で、珍客を迎え入れることになった和尚をして、次のように語らしめる。(28)

　「ごらん、遠くに岬がみえて、白いドームが空明かりの下にある。音は何もしない。だがあれが、原子力発電所の明かりだ。ドームだよ。大勢の人が働いている。ウラン燃料棒も休まず燃えているはずだが、大自然は、そんな文明の発電所さえろうそくの明かりぐらいに小さく抱えてだまっている。静かな静かな海だ……キャシーさん、あんたは、よくぞあんたの母さんの故郷……若狭へもどってきてくれた……あんたの人生にとっても、この静かな夜の海が、忘れがたい風景として心にのこるように……あしたからのあなたの旅を……ゆたかなものにしなければなりません」。(29)

　終の住処を求めて旅する外国暮らしの熟年夫妻が目にしたのは、

【写真9】水上勉により開設された「若州一滴文庫」。現在はNPO法人により運営されている（筆者撮影）

【写真10】若州一滴文庫の内部（筆者撮影）

原発により変貌する故郷の現実だった。もっとも、それが唯一の原因ではない。貧しさと古い因習。時代の流れの中で、都会へ出て行く娘たちを追うように、若い男が村からいなくなる。そこに渦巻くさまざまな人間模様。原発をめぐり、結論の出ない家族の論議。原発銀座若狭を舞台に生の意味を問う物語は、数々の重い問いかけを残したまま幕を閉じる。

「使い捨ての文明のエネルギーを生むのが原発炉なら、『一滴の水』を惜しめといった禅僧の言葉は一見矛盾に思える。けれど、思いをふかめれば、ふかい哲学として、汲めどもつきぬ価値をもって胸を打つのである」[30]。水上により開設された若州一滴文庫が、生誕地のおおい町岡田で運営されている（写真9、10）。

3．原発立地から見えてくるもの

問題の多層的構造

　原発立地は一様でない。誘致賛成か反対か、原発推進か脱原発かといった単純な二項対立に解消できない複雑な関係がある。それぞれ固有の事情を抱える多様性に富んだ地域に、重層的な格差構造が重なり合う。その一端を垣間見ることができるなら、現地に足を運ぶ意味は大いにある。

　過疎地や財政基盤の弱い自治体が国策遂行の踏み台にされやすいのは、確かである。だがそれですべてを説明するのは、議論の矮小化である。社会学的知見が示すところによれば、行政当局は、地域の団結力が弱く社会的資本のレベルが低位ないしは減少している地域に、原子炉の立地を試みる傾向が顕著である[31]。そして、日本の原発立地政策に関する限り、それを成功させてきた最も重要な要素はソフトな社会統制戦略とインセンティブであり[32]、強制的な土地収用は避けられてきた。その意味で原発を受け入れるか否かの最終決定権は地元の自治体にある、という言い方はいちおう可能である。

　実際、小浜市は、再三の政治的圧力や金銭的誘惑にもかかわらず、原発によらない街作りを選択した。それがいかに困難な道でも、選択の余地は残されていた。沖縄にはそれがなかった。原発問題と米軍基地、あ

るいは戦後日本政治のひずみが立場の弱い地域にしわ寄せされた事例。安易な一般化は慎まねばならないが、中央集権型発展モデルと親和的で重層的な差別構造の上に立つ原発は、それ以外の問題を考える場合にも貴重な視座を提示する（第6章第3節）。

原発依存をますます強めていく自治体と、原発を拒否した自治体。福井県嶺南（若狭）地方という限定された範囲でも、その違いを説明するのは容易ではない。ケーススタディを地道に積み上げていく、というのはひとつの模範解答だろう。そしてそれを、グローバル化経済や国際政治情勢といった大局的視野の下に統合することが求められよう。だがそれでも、解明し尽くせないことは残る。

分からないなら分からないなりにも、中間報告は必要だろう。私たちの調査グループが現地で交わした会話（多少の脚色がある）を示しておこう。もちろん私たちの主観も入っているのだが、問題の本質に迫るための何かの助けとなるかもしれない。

「福井県は学力で全国ナンバーワンと言われるけど、それは嶺北地方の話。嶺南は、学力の谷間とさえ言われます。ここにも県内格差が顔を出すのです。」

「若狭の人はおっとりしているから、都合よく弄ばれてしまうのかもしれないね。原発問題でも、補助金を受け取ると何も言えなくなってしまう。」

「若狭の美しい自然や先祖代々の土地を守りたいという気持ちは純粋だけれど、それだけではどうにもならないものがあるのかな。」

「その点、敦賀は、原発受け入れちゃったけど、商売人の街らしくしたたかに、実利的な計算の上で行動してきたのかもしれないね。」

原発立地から見えてくる問題の多層的構造。脱原発社会の構築に向けて重要な視点ではあるが、一筋縄ではいかない問題でもある。

上り線の発想と下り線の発想

密度の高い充実した現地調査を終え、「はくたか2号」の特急券が手元に残った。この間、北陸新幹線が開業。在来線特急「はくたか」は使

命を終え、金沢以北の北陸線区間では「上り」と「下り」が在来線時代とは逆になった。

　新幹線を待望する地元には、首都圏（東京）から企業、資本、観光客がやってきて地域経済が活性化することへの期待がある。これを「下り線」の発想という。それとともに、地元の人が東京へ行きやすくなるという、「上り線」の発想がある。これは両刃の剣である。長期的には、地方からの人口流出を招きはしないか。新幹線網の拡充が東京一極集中に拍車をかけることは、過去の経験からも明らかである。

　北陸新幹線開業の日。それは、金沢が東京圏に編入された日でもある。東京一極集中の弊害を指摘し地方からの再活性化を唱える場合、こうした現実を見据えつつ、決して容易でない理論構築を行っていかねばならない。

　北陸新幹線は、2020年には福井まで延伸され、22年には木ノ芽峠を越えて敦賀に到達するという。その先のルートは確定していない。これは何とも象徴的である。候補のひとつに「若狭ルート」がある。新幹線が通ると若狭が東京や大阪と直結されるわけだが、北陸新幹線に東海道新幹線のバイパス機能を持たせるためには、極力回り道はさせたくない。最終的には政治決着が図られるだろう。陸の孤島に自動車道をという悲願が、若狭湾への原発集中と引き換えにされた1960〜70年代の記憶が、頭をよぎる。

　計画どおり新幹線が延伸されるなら、実に80年ぶりに東京からの直通列車が敦賀に乗り入れる。地元にとりそれがよいことかどうかはわからない。はっきりしているのは、欧亜連絡国際列車が発着する交通の要衝として栄えた頃とは、状況が違うということ。北陸新幹線「下り」の終点の敦賀は、拡張する東京圏のフロンティアとなる。その一歩先には、「原発銀座」若狭湾が控える。

　　（1）鈴木真奈美『日本はなぜ原発を輸出するのか』（平凡社、2014年）201〜204頁。
　　（2）前掲書187〜193頁。

(3) 加藤哲郎『日本の社会主義／原爆反対・原発推進の論理』岩波書店、2013 年、180 頁。
(4) 本田宏『脱原子力の運動と政治／日本のエネルギー政策の転換は可能か』(北海道大学図書刊行会、2005 年) 48 頁。
(5) 加藤哲郎・井川充雄編『原子力と冷戦／日本とアジアの原発導入』(花伝社、2013 年) 40 〜 41 頁。
(6) 中嶌哲演・土井淑平『大飯原発再稼働と脱原発列島』(批評社、2013 年) 17 頁、鎌田慧『原発列島を行く』(集英社、2001 年) 69 頁。日本原電の土地買収を含む、福井県における原発誘致の経緯については、『原発の行方／立地から全停止／大飯再稼働問題の真相』(電子書籍、福井新聞社、2012 年) 2 章「こうして 15 基が立地した」の「川西誘致　幻に終わる」の項を参照。
(7) ウェブサイトは http://www.werc.or.jp/。
(8) 2013 年 1 月 1 日『東京新聞』1 面。
(9) 鎌田慧『日本列島を往く／鎌田慧の記録 1』(岩波書店、1991 年) 153 頁 (この文章の初出は 1981 年)。
(10) 中嶌・土井前掲書 19 頁。
(11) 和田長久『原子力と核の時代史』(七つ森書館、2014 年) 167 頁。
(12) 前掲『原発の行方』2 章「こうして 15 基が立地した」の「反対激化　大飯を二分」の項。
(13) 石黒順二『苦言をひとつ／若狭からのメッセージ』(株式会社エムシーアール、2003 年) 48 〜 49 頁。
(14) 中嶌・土井前掲書 20 頁。
(15) 和田前掲書 215 頁。
(16) 前掲『原発の行方』2 章「こうして 15 基が立地した」の「反増設運動　全県的に」の項。
(17) 原子力資料情報室 (http://www.cnic.jp/) のウェブサイトから「ライブラリー」、「資料ダウンロード」を順に開いて得られる「資料：原子力発電所稼働情報（2014/12/16 時点）」から「建設中」の 3 基を除き、「ふげん」と「もんじゅ」の 2 基を加えた。
(18) 総務省統計局のウェブサイト (http://www.stat.go.jp／) に掲載された平成 22 年度国勢調査のデータに基づく。
(19) 中央からの遠さを表す郵便番号 900 番台の地域に原発が集中しているという指摘があるが (長谷川公一『脱原子力社会へ／電力をグリーン化する』岩波書店、2011 年、40 〜 45 頁)、福井県の郵便番号も 900 番台である。
(20) それがなぜかを示唆するひとつの証言は、永井學・金井利之・五百旗頭薫・荒見玲子著『大飯原子力発電所はこうしてできた／大飯町企画財政課長永井學調書』(公人社、2015 年) 333 〜 334 頁を参照。
(21) 中嶌・土井前掲書 22 頁。

(22) 1928年12月、2台の蒸気機関車に牽引された45両編成の上りの貨物列車が、滋賀県側出口25メートル手前で立ち往生。この列車の乗務員および救援に向かった者のうち3名が窒息死した。開通当初、日本一の長さ（1352メートル）の柳ヶ瀬トンネルは、急勾配と初期設計ゆえの口径の小ささから運転上の難所として知られていた（敦賀市立博物館編『敦賀長浜鉄道物語／敦賀みなとと鉄道文化』2006年、58頁）。
(23) 「原子力発電所が設置されることに関して、市町村に派生する諸問題の対策ならびに関連産業による地域適応開発事業について、組織的に協力して調査研究又は計画立案し、もって住民の安全確保と地域の福祉に寄与することを目的」として活動する（規約第2条）。原子力発電所所在市町村長ならびに議長をもって構成され、原子力発電所所在市町村の周辺に位置する市町村長は、準会員として参加することができる（同第4条）。全原協ウェブサイト（http://www.zengenkyo.org/）を参照。本書第6章注1も参照。
(24) 前掲『原発の行方』2章「こうして15基が立地した」の「小浜の民意　誘致拒む」の項。
(25) 中嶌・土井前掲書42～44頁。
(26) 永井他前掲書35～38頁。
(27) 前掲書415、419頁。
(28) 水上の原発に対する立場を表すと思われる、次のような記述がある。「ＮＰＯのことで、最初に一滴文庫に集まったのは十数人だった。示し合わせたわけでもないのに、そのみなが反原発だったので驚いた。わたしはかつて日本共産党員でもなければ、どんな政党や組織にも与したこともないが、この一滴文庫をつくったころは、原発推進派からは射殺もされかねない反原発の闘士であった」（水上勉『植木鉢の土』（小学館、2003年）153頁）。
(29) 水上勉『故郷』（集英社、2004年）73頁。
(30) 水上勉『若狭海辺だより』（文化出版局、1989年）13頁。
(31) ダニエル・P・アルドリッチ『誰が負を引き受けるのか／原発・ダム・空港立地をめぐる紛争と市民社会』（湯浅陽一監訳、リンダマン香織・大門信也訳、世界思想社、2012年）47頁。
(32) 迷惑施設を受け入れさせるために国家が用いる政策手段は、強制、ハードな社会統制、インセンティブ、ソフトな社会統制という4つのカテゴリーに分類される（前掲書69～83頁）。

第2章　原発経済と地域社会

　2011年10月26日付けの『朝日新聞』は、「原発と自治体とカネ」という特集を掲載した。この中で敦賀市長（当時）の河瀬一治氏は、他のふたりの論者とは異なり、なおも敦賀には原発は必要との立場を表明する。市の財政の14％は電力関係で賄われており、関連事業も含め1万人の雇用を生み出す産業は原発以外にないと指摘した上で、次のように述べる。「福島の事故後、市民から『原発をより安全なものにして下さいね』という声は聞きます。けど、『原発要らないよ』、『3、4号機なんて必要ない』との声は聞いていません。これが敦賀の現状なのです」。
　この発言に対する評価は措くとして、ここには原発立地自治体の実情が吐露されている。脱原発社会を構想する際、原発に依存しない地域経済をいかに作り上げるかという方策が伴わない議論は、片手落ちと言わざるを得ない。まず、原発による経済活性化という言説の信憑性を問うことから始めよう。

1．「原発が来ると地域が潤う」？

電源三法交付金のしくみ

　当初喧伝された原発の経済性が虚構にすぎなかったことは、今日では明らかである。そのような議論を反復することは控え、ここでは、地元経済への波及効果の検証に集中しよう。原発立地に伴う収入には、大まかには、国や公的機関からの交付金、地方公共団体の租税収入、雇用機会等を通じた地域住民の増収、関連する事業所や従業員などによる財やサービスの購入などがある。
　交付金を与えることで原発立地を促す政策手法は、「インセンティブ」

とよばれる (39頁)。そうした動きは、石油危機により代替エネルギー開発が急務となる中で加速し、首相自らが電源立地促進法制の具体化を進めた。「発電用施設周辺地域整備法案」(修正案) に「電源開発促進税法案」と「電源開発促進対策特別会計法案」を加えたいわゆる電源三法案は、1974年に国会に上程され、同年6月の参議院本会議で可決された。欧米諸国に類例を見ない世界に冠たる日本的金権システム$^{(3)}$だが、この制度を国に作らせる際に重要な役割を演じたのが大飯町である$^{(4)}$。

電源三法交付金の概略は、次のとおりである。電力会社は、販売電力量に応じて電源開発促進税を納付するが、これは電気料金に転嫁され、最終的には消費者が負担する。納付された税はエネルギー対策特別会計に組み入れられた後、発電所の立地が決定した市町村およびその周辺の市町村や道府県に対し、道路や福祉・教育・文化施設の建設など使途が特定された財源 (目的税) として配分される。

この制度にはいくつかの特徴がある。第一に、火力および水力発電所も対象とするが、実質的には原発および原子力関連施設の立地促進を主目的としている。第二に、電源立地のための利益誘導策に国が責任を負い、電力会社の負担を軽減している。これが意味するのは、原発事業の費用負担の国民負担化である。第三に、原子力施設が迷惑施設であることを実質的に認め、補償によって地元の不満を抑えようとしている$^{(5)}$。

原子力発電は、戦後日本の国策として推し進められた。その際、「受益圏」と「受苦圏」の存在が前提されており、両者間の利害調整の方策が電源三法交付金というわけである。このようなかたちの公共事業であっても、財政基盤の脆弱な自治体やインフラ整備の遅れた地域には魅力的に映る。地域経済の不均等発展をむしろ活用することでエネルギー政策を推進しようとするのが、こうした電源立地システムの実像と言うべきだろう$^{(6)}$。

電源三法交付金の財源は、電気使用に課せられる「目に見えない税金」の性格を帯びるため、可視的で政治的介入を受けやすい標準的な予算編成の手順からは独立している$^{(7)}$。その配分スキームや額については、経済産業省資源エネルギー庁発行のパンフレット『電源立地制度の概要』(平

成23年度版）[8]に解説がある。交付金は3つのカテゴリーに大別され、2011年度の予算額で見れば「電源立地地域対策交付金」（7つの細目に分かれる）が総額1110億円、「電源立地等推進対策交付金」（「原子力発電施設立地地域共生交付金」と「広報・安全等対策交付金」からなる）が42億円、「電源地域振興促進事業費補助金」が67億円である。

　交付額の算定式を見ると、出力の大きい原発ほど有利になることが分かる。例えば、「電源立地促進対策交付金相当部分」については、発電施設出力のワットあたり単価が原子力の場合には地熱、水力、火力よりも高く設定されており、「原子力発電施設等周辺地域交付金相当部分」（交付単価に当該自治体の需要家数を乗じた額）においては発電所の設備能力（ワット数）の階級が高くなるほど交付単価が高くなる。

　モデルケースとして、出力135万キロワットの原発が新設された場合の電源立地地域対策交付金等による財源効果の試算が示される（次頁図4）。環境影響評価の3年間を含む10年の建設期間には総額約481億円、運転開始からの14年間には毎年約21.1億円、運転開始後15年から29年までは毎年約22.1億円、運転開始後30年から34年までは（原子力発電施設立地地域共生交付金が上乗せされるため）毎年約28.1億円、運転開始後35年から39年までは毎年約23.1億円、運転開始後40年目には約24.1億円が、当該地域（立地所在市町村、周辺市町村、都道府県）にもたらされる。建設期の交付額は特に大きい。市町村議員や県議会議員の多くは、地元の土木・建設業者と関係が深いから、電源三法交付金は、地元有力者を切り崩す上で切り札的な役割を果たす[9]。

　このパンフレットには、「電源地域振興促進事業費補助金」による「原子力発電施設等周辺地域企業立地支援事業（F補助金）」の対象市町村も明示される。

原発マネーはなぜ「麻薬」なのか

　このようなかたちで多額の交付金を得て、原発立地（ないしは周辺）自治体は潤っているのだろうか。おそらくそれは否定し難い。参考事例として、「ひとり当たり市町村民所得」に関して福島県内の上位10自

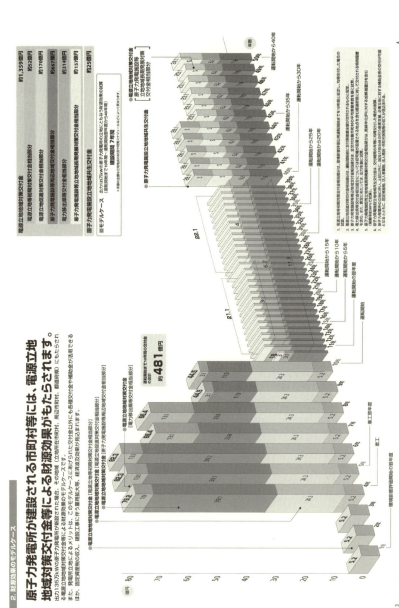

[図4] 電源三法交付金のしくみ 出典:経済産業省資源エネルギー庁パンフレット『電源立地制度の概要』(平成23年版)
http://www.enecho.meti.go.jp/about/pamphlet/pdf/dengenrichi.pdf

治体（2008年度）を挙げるなら、広野町、大熊町、双葉町、楢葉町、富岡町、西郷村、磐梯村、泉崎村、檜枝岐村、福島市の順である。このうち、大熊町、双葉町、楢葉町、富岡町が原発立地自治体である他、広野町には火力発電所、檜枝岐村には水力発電所がある。すなわち上位10市町村のうち6つまでが、大規模発電所の立地である。

だが、短期的にはともかく、長期的視野からの地域経済の健全な発展という意味では、違った様相を呈する。電源三法交付金は、永続的なものではない。交付金が切れると、過大な施設（ハコモノ）建設によりふくれあがった維持経費に苦しむようになった自治体は、次々と新たな原発や原子力施設を欲しがる。いわば原発交付金の「麻薬化」である。こうした弊害は早くから指摘されてきたが、清水修二氏は、東日本大震災後、電源三法交付金の廃止を明確に主張する。地域格差を前提として貧者にリスクを押しつけるシステムに倫理的な問題があるばかりでなく、地域の経済・社会構造を変え、本来売買されるべきでない「環境」を取引の対象とする点で、原子力立地マーケットはほんとうの意味での経済的合理性を欠いているからである。

これが原発マネーのすべてではない。実は、原発があっても財政状況が悪化している自治体もある。ここで、全国の原発立地自治体の「財政力指数」を見ておこう。

財政力指数とは、自治体が自前の収入で財政を賄えるかどうかを表す指標であり、「基準財政需要額」と「基準財政収入額」を比較して後者のほうが多ければ財政力指数は1を上回り、前者のほうが多ければ1を下回る。自治体間の財源の不均衡を調整するために地方交付税交付金制度があるが、財政力指数が1を上回る裕福な自治体には交付されず、1を下回るなら、収入額が需要額に対して不足する分が交付税として交付される。

財政力指数が最も高い東海村から最も低い薩摩川内市まで21の原発立地自治体（次頁表1）のうち、2009年度に財政力指数が1を上回った交付税不交付団体は11だったが、2010年度には、東通村、敦賀市、おおい町が交付団体に移行し、8団体になった。財政力指数1以上の団

体のほとんどは、借金よりも積立金のほうが多く、実質公債費比率も 10％以下であることが多い。財政力指数 1 以下の団体では、これらのパフォーマンスが芳しくない。原発立地市町村といえども、その半数以上は財政状況が悪化しているのである。

市町村の租税収入のうち主なものは、住民税と固定資産税である。もちろん、原発や原子力関連施設も固定資産税の課税対象であり、電源三法交付金と

	原　発	財政力指数	将来の負担	実質公債費比率
東海村	日本原電・東海第二	1.78	▲36.2	3.0
刈羽村	東京・柏崎刈羽	1.53	▲578.9	1.3
大熊町	東京・福島第一	1.50	▲242.7	0.8
玄海町	九州・玄海	1.49	▲303.1	2.4
御前崎市	中部・浜岡	1.48	▲42.2	5.0
女川町	東北・女川	1.41	▲187.5	4.1
泊村	北海道・泊	1.17	▲226.8	8.6
東通村	東北・東通	1.15	50.7	20.4
楢葉町	東京・福島第二	1.12	▲14.1	11.6
敦賀市	日本原電・敦賀	1.11	55.1	9.2
おおい町	関西・大飯	1.10	▲86.8	8.2
高浜町	関西・高浜	0.97	▲3.7	13.0
志賀町	北陸・志賀	0.96	105.5	12.7
富岡町	東京・福島第二	0.92	73.1	17.1
柏崎市	東京・柏崎刈羽	0.79	204.4	21.9
双葉町	東京・福島第一	0.78	33.3	26.4
美浜町	関西・美浜	0.73	70.7	16.4
松江市	中国・島根	0.58	262.7	18.0
伊方町	四国・伊方	0.54	103.2	14.9
石巻市	東北・女川	0.51	166.3	14.3
薩摩川内市	九州・川内	0.50	173.5	11.0

出所：2009 年度決算カードから作成

【表１】原発立地市町村の財政状況
出典：石橋克彦編『原発を終わらせる』（岩波書店 2011 年）

並ぶ重要な収入源である。原発施設の償却資産課税は、税制上の耐用年数が 16 年であるため、運転開始から 5 年で半分になり、その後も毎年減っていく。このため、稼働後間もない原発のある市町村と、古い原発ばかりの市町村では、固定資産税収入に大きな開きが出ることになる。[14]

電源三法交付金は、時限性を持つとはいえ、長期にわたり安定的に交付されるのに対し、固定資産税収入の減少は激しい。原発立地自治体の原発への従属をますます強め、新しい立地の開拓よりも既設地点への増設を促すのは、むしろ固定資産税の特性によるところが大きい。

原発に固有の税収として、その他に、核燃料税がある。これは、道県が条例を公布して施行する法令外普通税（総務大臣の同意が必要）で、発電用原子炉に装荷された原子燃料の価額等を課税基準とし、電力会社

に課せられる。使用済核燃料税が実施されることもある（新潟県柏崎市と鹿児島県薩摩川内市）。

　それとともに無視し得ないのが、「寄付金」である。例えば福井県美浜町では、2007年度に「その他」の収入が24億1039万円あり、歳入総額に占める割合（30.5％）は全国町村平均（17.4％）と比べて著しく高い。このうち10億2000万円が寄付金とされ、詳細は公表されていないが、原発関係の事業主からの寄付金である可能性が高い。そのような寄付金が、自治体ばかりでなく、何かしらの名目で民間に流れていたとしても不思議はない。

　寄付金はその性格上、実態をつかみにくい。しかし、市民たちの情報公開請求などで、「原発銀座」での巨額寄付金の実態がある程度明らかになっている。福井県と4市町に対し、2010年までに少なくとも計502億円もの寄付があり、そのうち150億円については電力会社からの寄付である。残りの352億円については不明だが、億単位の匿名寄付は電力会社以外には考えにくく、新聞社の調査に基づく具体的事例もその推測を裏づける。寄付金は課税控除の対象となり得るため、結果的には寄付の一部を国が補助することになる、との解釈も成り立つ。

若狭湾の実情

　1974年度から2009年度までに福井県内で交付された電源三法交付金は、累計で3245億8000万円に上る。そのうち県への交付は1718億3000万円である。市町に交付された1514億5000万円のうち、嶺南地方（原発立地市町以外も含む）は1375億6000万円となっている。

　敦賀市では、2014年度当初予算の一般会計は263億円だが、このうち電力関連（原発がすべてではない）は56億円と歳入の約2割を占める（特別会計を含む全会計歳入総額では1割程度）。これは、本章冒頭で見た河瀬市長の発言ともほぼ符合する。内訳は、電源三法交付金17億8830万円、電力事業者の固定資産税37億606万円、福井県の核燃料税交付金2億円である。このように、原発関連が市財政に占める割

合は大きく、これを原資に医療費助成や福祉、生活インフラの整備などがなされる。[19]

　同市の財政状況については、2001〜07年のデータに基づく先行研究がある。それによれば、分析期間を通して歳入総額が歳出総額を上回り、財政力指数は1.14から1.28の間にある（ただし低下傾向が見られ、2010年度には1を下回る）。この研究は、財政の特徴のひとつとして、発電所関係3社からの固定資産税は歳入総額の16％（地方税収入の約30％）、電源立地地域対策交付金は約4％（国庫支出金の約43％）を占めることを指摘し、「敦賀市財政はきわめて健全な状態にあるが、それは原子力発電所に関する税収ならびに国からの財政支援措置による財政収入を基礎としている」と結論づける。[20]

　美浜町についても先行研究がある。[21]同町への電源三法交付金の交付実績では、制度創設以来の大規模な財政移転が見て取れるが、特に2000年以降、その規模が増大している。2007年度の歳入は79億175万円だが、そのうち固定資産税が15億8133万円（歳入総額の20.0％）である。この割合は、全国町村平均の13.5％と比べると著しく高い。地方交付税の割合が小さいのと対照的なのが、10億6133万円（歳入総額の13.4％）に上る国庫支出金である。その内訳は電源立地地域対策交付金がほぼ全額を占めており、原発立地自治体の財政的特徴が明確に表れている。ピーク時の1977年に14億9200万円で83.8％を占めていた発電所関係税収が町税総額に占める割合は、低下傾向が見られるとはいえ、2007年にはなお54.7％である。[22]

　『東京新聞』の試算[23]によれば、電源立地地域対策交付金事業が一般会計歳出に占める割合は、高浜町20.6％、おおい町18.8％、美浜町14.4％である。これは、佐賀県玄海町（22.5％）と福島県大熊町（21.4％）に次いで全国第三、第四、第五位である（敦賀市は5.4％で、原子力施設の立地する23自治体中16位）。

　歳入総額に占める原発関連収入が多ければ多いほど、原発への依存度は高い。原発によらない地域経済再生ビジョンを描くのは、それだけ困難ということになる。敦賀市では、この割合が約2割に達するとはい

え比較的低いほうだが、財政規模の小さい若狭湾の他の自治体では、原発関連の比重が非常に大きくなる。

　こうした問題は、2015年に老朽原発の廃炉が相次いで決定される中で、再認識させられた。報道によれば、70億円弱の歳入の45.3％が原発関連である美浜町では、現行制度のままでは、美浜1、2号機の廃炉により電源三法交付金が7～8億円減り、約半分になる。一方、敦賀市では、敦賀1号機が廃炉になる分の減収は、2016年度から織り込み済みという。両自治体の長は、電力会社から廃炉決定の説明を受けた際に、原発建て替え（リプレース）への期待を表明した。[24]

雇用・経済波及効果

　以上は、直接には自治体（役所）の収入となるものだが、地域の人々（民間）に対する経済効果も考慮する必要がある。原発誘致により雇用機会が増えたり、地域経済が活性化することは、その代表的なものである。雇用は、（正社員であるか下請けであるかを問わず）原発等の運営会社に雇われてその業務に従事するものと、原発と関連して発生する仕事を地元の業者が請け負う（それにより雇用が生まれる）ものとがある。[25]

　福井県立大学地域経済研究所は、原子力発電所の経済波及効果を建設時点と運転時点の2段階に分けて試算する。福井県嶺南地方に集積する原発15基の建設投資額は合計2兆7000億円を超え、そのうち県内に発生した建設投資額は3700億円超である。これをもとに産業連関表から波及効果額を算出すると、総額6000億円超となる。県内建設投資額のうち約2800億円は、敦賀2号機、もんじゅ、大飯3、4号機、高浜3、4号機の6基（比較的新しい原発）によりもたらされた。[26]

　原発建設が最も盛んだった昭和50年代後半から60年代にかけての建設業の生産額は1000億円後半から2000億円の規模で、県内総生産の10％前後で推移していた。この割合は、その後、やや低下傾向にある。平成以降、新規の原発着工はない。原子力施設本体の工事は首都圏のゼネコンが受注し、地元業者は下請け・孫請け的な役割だとしても、これにより地元の中小の土木・建設業者が潤う。関連する公共施設（道路や

ハコモノ）の整備には、地元業者も参入できる。原発建設時における経済波及効果は大きいが、それは持続可能とは言い難い。

　運転段階での経済波及効果についいてはどうか。原発の場合、安全・保守のため原子炉を止めて行う定期点検や、燃料体の交換作業が不可欠となる。それに伴う人の出入りにより、地元の宿泊施設や飲食店等はかなりの需要を見込める。[27]原発職員とその家族の消費活動も、地域経済の活性化につながる。私たちが現地を見学した時にも、原発作業員を送迎するバスが待機していたが、バスを運行するのは地元の運輸会社である。何かの事情で訪問者があった場合、市街地から十数キロ離れた発電所への往復は、タクシー業者にはドル箱のはずである。もともとが農漁業を主体とした人口の少ない地域のこと。原発が地域経済に及ぼすプラスの効果は小さくない。

　再び、福井県立大学地域経済研究所の試算を参照しよう。筆者はこの種のデータを検証するだけのマクロ経済学的な専門的知見を持ち合わせておらず、思わぬ統計処理上のワナがあるかもしれない。あくまでも参考としての引証である。運転段階では、県外需要額に基づき県内の経済波及効果を測定する。建設時点では県内需要額に着目したのとは逆の手法だが、原子力発電所は主に県外電力需要に対応するために設置されたと考えられるからである（原発の発電量と県外電力需要額推計とはほぼ一致する）。県外電力需要が県内所得増加を誘発するとは限らない、との疑問はある。だが、電源立地地域対策交付金は出力ワット数に応じて算定されることからもわかるように、県外での最終需要は、一定程度、県内での経済波及効果と連動すると考えるのが順当である。

　研究グループは次のように言う。「経済波及効果を県内総生産と比較してみると10％台を維持しており、福井県における原子力発電所の比重の高さを裏づけている。とりわけ市町村別総生産が公表された平成13〜15年でみると、立地市町の県内総生産に占める割合は20％程度となっており、原子力発電所の電力生産による経済波及効果の大きさを物語っている。とりわけ人口規模の小さい高浜町や大飯町では、電気・ガス・水道業の占める割合（平成15年）が旧大飯町（現おおい町）で

91.1％、高浜町で81.0％ときわめて高いことから、とりわけおおい町と高浜町は経済規模の大半を原子力発電所が占めていることは明らかである。美浜町では64.7％、敦賀市では23.9％と先の２町ほどではないものの、波及効果を勘案すると原子力発電所の電力供給が地域経済に大きな影響を与えていることは立地地域に共通である」。[28]

　原発建設段階と運転段階における経済波及効果の比較は、地域経済の持続可能性について考える上で重要である。算出された波及効果の時系列的変化では、全体的に、建設時の効果が運転時をやや上回っている。[29] ただし前者が縮小傾向にあるのに対し、運転時の効果は安定している上に、個々の原発の累積により最終需要がそのものとしては大きなものになる。倍率では建設時のほうが大きくとも、地域にもたらされる波及効果は運転時のほうが圧倒的なのである。[30] これが意味するのは、建設時の膨大な需要が縮小した後も、商業や金融・保険業などに関しては経済的波及効果を継続的に獲得しているため、原発が運転される限り、地域経済は恩恵を被り続けるということである。

　他の県内地場産業との比較では、どのようなことが言えるのか。最終需要を10000として経済波及効果（生産誘発額）を2005年版福井県産業連関表を用いて測定した結果は、どの業種も13000～14000でほとんど変わらない。地場産業は、業種間の域内取引が中心だから誘発効果も大きいと予想されたが、実際は原子力産業とほぼ同じだった。この要因には、地場産業もグローバル化の進展により地域内での取引構造を変化させていることと、原子力産業も40年間の新増設を経て地域内での結びつきを構築してきたことの、両側面が考えられる。

　ただし、生産誘発額の内訳のひとつである雇用者所得誘発額では、原子力産業は1400程度で、他の業種の半分以下にすぎない。これは、原子力発電所が巨額の設備投資を必要とするため付加価値誘発額に占める資本減耗引当分が大きくなり、その分だけ雇用者所得誘発の割合が小さくなることによる。「原発は雇用効果が小さい」との指摘を裏づけるものだが、同部門における最終需要額は他の地場産業と比べてきわめて大きく、原子力発電の集積により県内最大の生産高を有していることを考

えれば、原子力産業が地域にもたらす雇用効果はやはり大きい。⁽³¹⁾

2．原子力産業と地元

日本原電訪問

　原発マネーは、地域経済に多大な影響を及ぼす。それとともに重要な視点は、原発関連の事業体が地元ではどのように受け止められているか、ということである。私たちの研究グループは、日本原電敦賀発電所を見学する機会に恵まれた。その時の見聞も交えつつ、日本の原子力産業の構造、およびそれが、福島原発事故後の状況変化の中で地元とどのような関わり方を模索しているのかを考えてみたい。

　上述のように、敦賀原発の近くには敦賀原子力館があり、来訪者は館内の展示を自由に見ることができる。その中には、ゲーム性を持たせて、子どもたちが楽しみながら原子力のことを学べるようにしたものもある。このあたりは野鳥の宝庫でもあり、豊かな自然を体験できる造りになっている。やや高いところから発電所を見下ろす格好になるが、保安上の理由から、写真撮影は指定の場所に限られる（写真11）。

　私たちが訪問したのは、2月23日の午後のこと。まず敦賀原子力館内のセミナー室で説明を聞く。パンフレット等の資料が用意され、日本原電の職員が対応。敦賀発電

【写真11】日本原電敦賀発電所1号機（左）と2号機（右）
日本原電発行のパンフレット「敦賀発電所の安全対策強化の取り組みについて」より転載

敦賀3,4号機については今後どのように進めていくのでしょうか？

 敦賀3,4号機は、平成16年3月に国（経済産業省）へ原子炉設置許可変更申請書を提出し、現在は安全審査が原子力規制委員会に引き継がれています。
敦賀3,4号機増設計画については、地元の皆さまからもご支援をいただいており、その信頼を損なうことのないよう、福島第一原子力発電所の事故から得られる知見などを踏まえ、皆さまのご理解をいただきながら、全力で推進してまいります。

現在の建設予定地

完成予想図

【写真12】敦賀原発3、4号機について
日本原電発行のパンフレット「敦賀発電所の安全対策強化の取り組みについて」より転載

所の概要について説明されるが、話の重点は、福島原発事故後の安全対策強化に置かれる。それをふまえて、増設予定の3、4号機についての説明（写真12）。2004年3月に国（経済産業省）へ原子炉設置許可変更申請書が提出され、現在は安全審査が原子力規制委員会に引き継がれている。改良型加圧水型軽水炉で、出力153.8万キロワット（予定）の発電所が2基並ぶ。最新の技術を投入して最も安全な原子炉になるという。ただし着工時期は未定で、今後どうなるかは予断を許さない。

その後、施設見学に向かう。用意された防寒服とヘルメットを着用し、マイクロバスに乗り込む。発電所の周囲は、日本原電の社有地である。海岸沿いの公道を走り、防潮堤や発電所取水・排水口などを見て回る。高台には、消防車や、万一の事故の際に冷却水を確保するための大容量ポンプ車などがある。これらは、福島原発事故を受けて強化配備されたものだという。

発電所敷地内に入構する際、入口でいったんマイクロバスを降り、金属探知機などでセキュリティチェックを受ける。厳重な警戒を要するため、社員や出入り業者はもちろん、どのような要人でもこのプロセスが省略されることはない。建物内には立ち入らず、外側からの見学ではあるが、1号機、2号機、送電設備、免震制御棟などを見て回る。そして狭いトンネルを抜け、3、4号機建設予定地へ。山を切り崩し海面を埋

め立てることで、用地造成は2010年3月に完了している。

　地形図を見て、「見えない」原発になることはすぐに理解できた。敦賀1号機や美浜原発をはじめ、初期に作られた原発が集落から完全に隔絶されているわけでないのに対し、新しい原発は居住圏から見えない場所にあることが多い。敦賀3、4号機の予定地は、1、2号機のある敷地からは、山に隔てられた若狭湾側になる。断崖絶壁で、道路もない。人を寄せ付けない荒れ地かと思いきや、山の斜面には段々畑のように開墾された跡がある。聞くところによると隠し田だったらしいが、確かにこれだけ険しい山の裏側では、お代官様にも見つかるまい。私たちは予定地を見下ろす高台で説明を受け（防寒服を着込んでいるのはそのため）、広大な造成地をマイクロバスで走った。自然災害への備えはもちろん、構内緑化（植林）や美観にも配慮した(32)、環境に優しい原発を目指しているという。

　施設・建設予定地見学を終え、セミナー室に戻って簡単な質疑応答。ヘルメット着用後の頭髪を整える櫛や鏡まで用意されている。対応はとても親切で、質問には現場の技術者も交えてていねいに説明して頂くなど、貴重な研修の機会となった。

　私たちのように、明らかに原発に批判的な研究者の見学を受け入れるのは、日本原電としてはぎりぎりの対応だったようである。福島原発事故後はどこでも慎重姿勢が強まり、関西電力などではさらに制限が厳しいという。原子力行政が批判にさらされる中、対応する職員の言動にも苦悩がにじむ。原発推進のための国策会社として設立された日本原電は、事情が変わったからといって自らの意思で事業転換できない。会社の存続すら左右しかねない先行き不安の中で、与えられた業務を粛々とこなしているのが現状だろう。

原子力開発期のパイオニア

　そもそも日本原電、こと日本原子力発電株式会社とは、何ものなのか。すでに運転終了して廃炉作業に入っている東海発電所を除き、現在同社が所有する発電用原子炉は、東海第2発電所と敦賀1、2号機の3基で

ある。これ以外のほとんどの原発は、一般電力会社の所有である。日本原電は、一般電力会社とどう違うのか。

商業的に原発を運営する一般電力会社と異なり、日本原電は（売電収入があるとはいえ）研究機関としての側面を有する、との答えはいちおう可能である。原子力発電の開発期には、民間企業が敬遠しがちなリスクの高い事業をどこかが引き受けねばならず、日本原電はその意味でパイオニア的な役割を果たしてきた。だがそのような事業体であるなら、なぜ国家の研究機関でなく、曲がりなりにも株式会社という形態をとったのか。

1956年には、政府系研究開発特殊法人の設置法案が相次いで可決される（19頁）。これにより、日本原子力研究所（原研）の主業務は原子力研究全般と原子炉の設計・建設・運転、原子燃料公社（原燃公社）の主業務は核燃料事業全般と定められた。原研は、前年に締結された日米原子力研究協定に基づく濃縮ウランの受入機関と位置づけられ、研究炉建設(購入)に着手していた。一方、この時期には、英国がコールダーホール型原子炉の売り込みを強化し、原子力委員会も英国炉を念頭に置いた発電炉の早期導入方針を決定していた。その受入主体をめぐり、通産省と経団連も巻き込んだ論争に発展する。その結果、官民合同の株式会社を設立するという閣議了解が1957年9月に成立し、同年11月、政府（電発）2割、民間8割（電力9社4割、原子力産業5グループ2割、その他2割）の出資比率で日本原電が設立された。[33]

このように商業用原子炉の第1号（東海原発）の受入主体をめぐる論争は、財界の意向が実質的に優越するかたちで決着する。制度整備がひととおり完成すると、通産省と電力業界の関係が緊密化し、「護送船団方式」の性格を強めていく。1960年、通産省は、電力会社の適正報酬の算定に際し、固定資産、運転資本、および建設中資産の合計額を基本とする「レートベース方式」を新たに導入。この方式によると、報酬額はレートベース＝原価の定率部分（1988年までは8％、98年からは4.4％）とされ、報酬額と原価の合計額が総括原価とされる。[34]

この原価には「特定投資」が含まれる（1980年から）。電力会社は、

日本原電や動力炉・核燃料開発事業団（動燃）や日本原燃（青森県六ヶ所村の再処理工場等の事業会社）などに出資している。これらの法人は収益を見込めないが、エネルギーの安定確保を図るための研究開発や資源開発に必要な「特定投資」として原価に算入できるようになった。

　電源三法交付金制度が原発立地確保のための費用を捻出するメカニズムなら、レートベース方式による事業報酬算定の制度化は、原発事業への投資リスクを電力料金や税のかたちで国民一般に負担させ、電力会社に利潤を保障する利害調整様式である。日本原電がパイオニア的な役割を担ってきたのは、こうした業界秩序に支えられてのことである。英国式原子炉の受入主体として設立されながら、商業炉第2号（敦賀1号機）には米国式を採用し、日本の原発が軽水炉へと転換する先鞭をつけた。しかし9電力会社が個別に原発建設に乗り出すと、その存在意義は曖昧化した。(35)

難しい事業転換

　研究機関的な性格を有するパイオニア企業なら、時代の変化に対応して新しい道を模索することもできたはずだ、と思われるかもしれない。だが、特定分野で特定の目的のために設立された会社に、裁量の余地は小さい。株主であるJ-Powerが電力全般と関連するのに対し、日本原電の業務は原子力発電、しかもさらに細分化された領域に限られる。日本原電以外の特殊法人についても見ておく必要があろう。

　国産新型炉開発の基本方針が確定した1960年代なかばには、どこがその開発主体になるのかが問題になった。交渉の結果、またしても半官半民の特殊法人が設立された。ただ、特殊法人の新設は認めない大蔵省の意向があったため、原子力委員会は原燃公社を廃止し、これを吸収合併するかたちで動力炉・核燃料開発事業団（動燃）を設立する方針をとる。動燃事業団法は1967年に成立する。その役目は、国の機関として、産業界が躊躇するリスクの高い研究開発事業を引き受け、実用化した事業は民間に引き渡すことにあった。(36)

　動燃は、高速増殖炉実験炉「常陽」と新型転換炉「ふげん」の設計・

建設に着手した。他には、原燃公社のウラン資源関係の業務を引き継ぐとともに、ウラン濃縮や使用済み核燃料の再処理、核廃棄物処分などでも先端的研究開発に対する広範な権限を与えられた。しかし、原子力産業の国産技術開発はあまり成功せず、一連の施設（ふげん、もんじゅ、ウラン濃縮工場など）の稼働率はきわめて低い。動燃は2005年に、原研、核燃料サイクル開発機構とともに再編されて、日本原子力研究開発機構となる。

1970年代後半には、使用済み核燃料の国内民間再処理工場建設が懸案となる。79年の原子炉等規制法の一部改正を受け、80年3月、9電力と日本原電が7割、金融業界および製造業界が3割を出資する日本原燃サービスが設立され、92年7月には日本原燃産業と合併し、日本原燃となる。(37)

こうしてみると、原子力関係の特殊法人は、確固たるビジョンの下で計画的にというよりも、その時々の要請にあわせてアドホックに設立されてきたことが分かる。その後、これらの法人の存在意義は薄れ、あるいは状況変化の中で苦境に立たされている。国策会社というと、華やかで、安定的で、どこか権威主義的なイメージがある。実際には、時の政権や経済界（電力会社）の意向に翻弄され、主体的に事業転換することもままならず、狭い裁量の中で行動するしかないようである。

それでも、パイオニア企業らしく時代を先取りした役割を果たすことはないのだろうか。原発の運転開始から40年以上が経過し、老朽原発の廃炉は避けられない。日本原電はこの分野で、ノウハウを活かせないのか。質疑応答の際にそのような問いを投げかけてみたが、日本原電はあくまでも原発推進が業務だからと、廃炉研究が中心課題になりにくいことを示唆する答えが返ってきた。

「事故の想定も避難計画も不十分。こんな状態でよくも再稼働できるものだ」。2015年8月の川内原発再稼働に際し、日本原電元理事・北村俊郎氏は、そうコメントした。日本で最初に原発を動かした会社の幹部として業界の体質も問題点も知り尽くす人物は、皮肉なことに、終の住処に選んだ福島県で避難所を転々とする。福島原発事故後、業界誌な

どに投稿し、安全を危うくする下請け・孫請け構造が変わらないばかりか、「原発は経済的にも割に合わない」と指摘する。かつての推進者としての自責の念が消えない北村氏は、次のように語る。「批判を受け付けない業界の閉鎖性が、福島の事故につながった。内部にいた者として、問題を指摘し続ける。そうすることで私は責任をとるしかない」。[38]

　日本原電は株式会社である。あらゆる団体がそうであるように、いったん設立されれば組織の存続それ自体が目的になる。改めて、敦賀3、4号機の意味を考えてみよう。これが完成すれば最新鋭の発電用原子炉となり、操業すれば久しく途絶えていた売電収入が発生する。多くを語る必要はない。敦賀3、4号機は、日本原電の生命線なのである。

地元合意と活断層問題

　私ごとで恐縮だが、私が「原発」という言葉をはじめて知ったのは、東京での大学在学中のことである。福井県出身の人間が何たるざま、と呆れられるかもしれない。何のことはない、地元では「原電」が一般的で、原子力発電所のことを東京の人は「原発」と言うのかと、カルチャーショックを覚えたものである。もちろん今では事情が変わっているだろう。だが、昔の資料には「原電」が出てくるし、現在も若狭地方の道路の案内標識には「原電」と表示されていることからすれば、全くの記憶違いでもなさそうである。

　このようになった理由は、いくつか思い当たる。「原発」は「原爆」と響きが似ているため、「原電」のほうが好まれるのだとも。もうひとつ考えられるのが、他ならぬ日本原電である。会社名略称（の略称）[39]である「原電」が、ある種の原子力施設を指す普通名詞になったのだろうか。そうだとすれば、原子力産業が地元の人に無意識のうちに浸透している度合いは、かなり高いことになる。資金力で優勢な関西電力がテレビCMを流したり各地にPR施設を作ったりしているのに比べ、日本原電には地味な印象があるのだが。

　実際、日本原電は、広報広聴活動を地域に根ざした事業運営の一環としている。[40]私たちからの質問に対しても、敦賀では原発への理解はおお

むね良好、との回答があった。
　あながち誇張というわけでもない。それがはからずも明らかになったのは、2013年5月、原子力規制委員会が敦賀2号機の下を通る「D-1破砕帯は活断層の可能性がある」との見解を発表した時である。これに先立つ4月中旬、日本原電は500人体制で市内約2500世帯を戸別訪問するローラー作戦を展開し、市民の大多数は原発の存続を望んでいると実感した。[41]
　私たちの施設見学の時にはあまり強調されなかったが、配付資料の中でかなりの比重を占めていたのが、「活断層」問題をめぐる日本原電側の見解説明である。この問題は同社にとり死活問題だから、企業の論理としては当然のふるまいかもしれない。独自の調査により、敦賀2号機直下を通るD-1破砕帯は「耐震設計上考慮する活断層ではない」との結論を得た。それに基づき、原子力規制委員会には先の評価を変えるよう、申し入れている。一連の経緯については、目下、日本原電のウェブサイトでも大きく扱われている。
　若狭湾周辺が活断層の巣であることは知られており（次頁図5）、この地域でこれまで大地震が起こらなかったのは単なる幸運にすぎない。[42] このようなところに原発があること自体、道理に合わない。それにもかかわらず、福島原発事故後の政治・社会状況の変化に後押しされなければ、原子力規制委員会が原発推進側に不利な決定を下すこともなかっただろう。いずれにせよ日本原電に突きつけられた現実は厳しい。
　それ以上に複雑なのが、逆境の企業とともに生きていかねばならない地元である。日本原電が行き詰まったら別の会社に来てもらえばよい、と言えるなら苦労はない。だが今日の敦賀は、企業立地としてそこまで魅力的ではないだろう。原発を抱える以上、福島の惨劇は他人事でないはずなのに、原発推進派を市議会の多数派にする有権者の意識は、都会で脱原発運動に携わる者には歯がゆいほど後進的に映る。だが、原発企業城下町と化した敦賀では、福島原発事故のことは極力考えず、自分たちの街ではあのような事故は起こらないとひたすら信じつつ、目の前の課題を首尾よくこなして行く政策を選好する、というのが実情だろう。

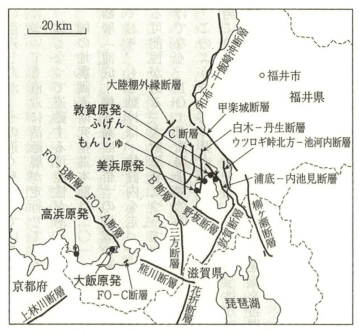

注：図中の断層は、いずれも耐震バックチェックで活動性が評価された断層
出所：原子力安全・保安院「耐震設計審査指針の改訂に伴う関西電力株式会社美浜発電所1号機　耐震安全性に係る評価について（基準地震動の策定及び主要な施設の耐震安全性評価）」(2010年11月29日) より作成

【図5】若狭湾周辺の活断層
　出典：海渡雄一『原発訴訟』105頁（岩波書店2011年）

　原発の稼働停止により1年間電力生産が行われないなら、福井県には経済波及効果を含めた4000億円以上の逆効果が生じるとの試算もある。(43)いつまでも原発関連企業に頼ることなく自立の道を探るべきだ、と言うのはたやすい。だがそのための一歩を踏み出すのはとても勇気のいることであり、成功する保証はない。敦賀2号機の廃炉が事実上不可避となった時、反原発を掲げて活動してきた市議会議員の今大地晴美氏は、手放しで喜べなかった。(44)私たちとのインタビューでも、地元の現実を知る人間として、首相官邸前デモで「再稼働反対」とは言えなかった、と語った。

3．原発に依存しない地域経済

ある市議の奮闘

2014年6月1日、東京の国会議事堂前でマイクを握る女性の姿があった。「5月21日の福井地裁での（大飯原発差し止め訴訟）判決は、本当に感動的でした。……当たり前のことを、わかりやすい言葉で、私たち地域住民は生きていていいんだよ、反対だと言っていいんだよと、この判決は教えてくれました。（原発）立地地域住民は、声を上げることができません。見ざる、聞かざる、言わざるでないと、暮らしてこれなかったんです。……これまで、ほんとうは司法も、見ざる、聞かざる、言わざるだったんだなと、改めて思いました。その司法に生き返るチャンスを与えたのも、5月21日の判決だったと思っています。……私たちはこの判決を、決して、このまま埋もれさせてはいけないんです。……最後に、ぜひ、ここにお集まりの皆さんにお願いがあります。……原発に勤めている人も、そしてその家族の人も、心から、原発要らないって言っていいんだ、原発は危ないんだと声に出して言っていいんだと言えるような、反原発や脱原発の運動を、何とかして、皆さんといっしょに作っていきたいと思います。ぜひよろしくお願いします。」[45]

話しているのは今大地晴美氏。密室での取引が多い市の予算や政策について調べ、「市民のくせに」と言われながらも意見書を出すなどしているうちに、市議会の仕事はおもしろいと感じるようになったという。1999年の初当選以来、無所属の敦賀市議会議員として活動。真っ向から反原発にならないように言葉を選んできたが、福島原発事故後は集会などでも原発廃止を訴えるようになった。

原発立地自治体の市議会議員にとり、それは一大決心である。2011年春の選挙演説で原発のことを話すと、人が家に引っ込んだり、ずっと応援してくれた人の反応が悪くなるのが分かったという。当選はしたものの、得票は前回選挙よりも減り、順位も下がった。[46]2015年市議会選挙では、定数24に対して22位での当選である。自身の苦悩は、心で

はそう思っていたとしても原発反対を口にできない、立地地域の住民の苦悩の反映である。そうした状態に追い込み、心ならずも原発を受け入れざるを得なくしてしまっている力への怒り、そうしたことが、脱原発運動に携わっている人も含め都市部の人にはあまり知られていないことへのもどかしさが滲む。

原発そのものの危険性とともに、地方がそれを甘受するという非対称的な政治・経済・社会的力関係。問題の核心が、短いスピーチの中に凝縮される。原発に依存しない地域経済を作るために、私たちには何ができるだろうか。

代替エネルギーが問題なのか

脱原発を論じる際に必ず出てくるのが、代替エネルギー、特にクリーン・エネルギーの可能性である。2022年までにすべての原発を停止すると宣言したドイツでは、2010年までには再生可能エネルギー（太陽光、風力、バイオマスなど）が総発電量の18%に達していた（原子力は21.7%）。まだ少ないとはいえ、再生可能エネルギーは日本でも延びてきている。放射能のリスクを伴う原発がクリーン・エネルギーに代替されることは、（原子力ムラの利権にかかわる人を除き）多くの人から歓迎されよう。だが、再生可能エネルギー促進だけでは、原発のもうひとつの問題である中央と地方との差別構造が、解消されるわけではない。

かつて先進国は、自然環境を破壊しながら、便利で豊かで快適な社会を作り上げてきた。だからこそ、環境問題に関心を寄せる人たちの間では、経済成長やそれを支える巨大技術（テクノロジー）に懐疑の念を抱く者も少なくなかった。だが、経済成長と環境保護を対立的にとらえるのは、今日ではむしろ少数派である。巨大技術の弊害にしても、技術そのものではなく、誤った適用のしかたが問題と考えることが多い。

経済成長の恩恵を享受しながら、環境問題を解決していけるとする立場は「エコロジー的近代化」とよばれ、先進国で定着した環境政策を支える主流言説である。この考え方は、1980年代の前半に、ドイツの研究者を中心に確立された。資本主義が環境に優しい方向で再編成される

ことを志向し、そのために国家が意識的・組織的な介入を行うことも是とされる。「エコロジー的に有害なものは高価につき、エコロジー的に適切なものは経済的に有利にならなければならない」というのは、典型的なエコロジー的近代化の発想である。ドイツの緑の党は、初期の環境保護運動に見られた急進性を捨て去り、エコロジー的近代化路線を確立したから、政治の中枢に入り込むことができた。だが、エコロジー的近代化が優勢な時代だからこそ、「エコノミーとエコロジー」の緊張の中であるべき社会像を紡ぎ出す批判的思考態度は軽視されるべきでない。

ここではこの議論に深入りすることは避け、クリーン・エネルギーと地域社会との関係を中心に考察しよう。原発立地を再生可能エネルギー生産地に生まれ変わらせるというアイデアは、原発に代わる産業を必要とする地元にも、都市部で脱原発運動に取り組む人にも、魅力的に思えるかもしれない。だが性急な議論は禁物である。

敦賀では1991年以来、北陸電力の石炭火力発電所が操業している。電源三法交付金では、石炭火力は原発に次いで優遇されており、同市の重要な収入源である。放射線リスクよりはましかもしれないが、排煙や温室効果ガスなどの点で、石炭火力は環境負荷が大きい。また、大阪ガス株式会社が2020年頃操業をめどに推進してきた敦賀ＬＮＧ（液化天然ガス）基地計画は、中止となっている。原発以外のエネルギー源開発は悪いことではないが、もっとスマートな選択はできなかったのか。

上述のように電源三法交付金廃止を主張する清水修二氏は、それを「環境税」の性格づけの下で再構築するのが賢明とする。だが、再生可能エネルギー（地熱を除き電源三法交付金の対象でない）の場合、施設誘致のメリットは大きくはない。大出力の原発に比肩するだけの電力を得るには、広大な土地が必要になろう。若狭湾の海岸線が太陽光パネルで埋め尽くされ、半島の山々に風車が立ち並ぶ光景は、正直なところ想像したくない。

こんな袋小路のような議論は、従来の電源開発の方向性を所与とすることから生じる。大電力消費地（都市部）への電力供給を周辺地が引き受けねばならない理由は、どこにあるのか。原発のような大規模集中型

の供給システムに代えて、小規模分散型の再生可能エネルギーにより電力の地産地消を目指すことこそが、求められる方向性ではないのか。また、それを可能にする条件整備こそが、重要なのではないか。

　脱原発社会の構築が、代替エネルギー開発といったテクノロジーの問題に解消されないことは明らかである。

電力市場自由化で何が変わるか

　福島原発事故後、日本でも市民権を得てきたキーワードに、電力市場自由化がある。

　日本の電力市場は、10電力会社体制の下、地域ブロックごとにほぼ完全な独占状態にある。電力需要家（消費者）は、それぞれの地域の電力会社から電気を買わねばならない。電力市場自由化は、この対極である。消費者は、数ある供給業者の中から自由に選んで契約し、電力を購入する。新規の電力供給会社の市場参入も自由である。

　これは、再生可能エネルギー普及には決定的に重要である。環境意識の高い消費者は、再生可能エネルギー業者から電力を買うことができる。欧米諸国では、電力市場が自由化されている。ドイツで再生可能エネルギーの割合が高いのも、自由化された市場で再生可能エネルギー業者へのアクセスが容易だからである。

　電力市場自由化とワンセットの関係にあるのが、発送電分離方式である。これは、発電業者と、送電設備を所有し発電所から消費者へ電力を送り届ける配送電業者とが、経営上分離していることである。配送電業者を介さなければ、再生可能エネルギー業者には消費者に電力を送り届けるすべがない。発送電分離のなされていない日本では、送電線網は電力会社の所有である。ライバルである再生可能エネルギー業者のために、自らの送電設備を使わせたりはしないだろう（ないしは割高な使用料を設定するだろう）。消費者（沖縄を除く）は、結局のところ、原発を所有する電力会社から電気を買わざるを得ない。再生可能エネルギーが普及する条件は、非常に厳しい。

　もちろん、発送電分離だけでは十分でない。原発大国フランスが欧州

規模の自由化市場で一大電力輸出国となっていることからも分かるように、むしろ脱原発に不利な方向で作用することもある。欧州に再生可能エネルギーの普及した国があるのは、消費者の環境意識の高さだけでなく、それを促進する政策的措置（固定価格買取制度など）が組み合わされたためである。発送電分離は、再生可能エネルギー普及の前提条件だが、結果を保障するものではない。

　日本でも欧米諸国に習い、1990年代から電力市場自由化をめぐる議論が起こり始めていた。卸供給事業者の参入や小売市場の部分的自由化が順次行われたが、発送電分離は電力業界の反対に遭い、実現しなかった。福島原発事故後の批判の強まりの中、2014年にようやく改正電気事業法が成立（関連法の成立は2015年6月）。2016年をめどに電力小売りが自由化され、大手電力会社は2020年までに送配電事業を別会社化することが義務づけられる。だがこれは、どこまで実効性があるのだろうか。形式上は発送電分離がなされても、配送電会社の株式の100％を持株会社としての東京電力が所有するなら、実質はこれまでと変わらない。ここにも、電力会社への過剰な優遇が日本経済の宿痾となり、原子力ムラ（83頁）の利権が結びついて改革を妨げている構図が見て取れる。

無党派政治の可能性

　原発問題は、岐路に立つ日本政治の問題の焦点である。転換期には、それまで当たり前だったのが当たり前でなくなることが、頻繁に出てくる。政党政治もそのひとつである。

　「いつも市民派、ずっと無党派」。今大地氏から頂いた名刺には、そう刷り込まれている。既成政党に幻滅し、無所属で地域社会の未来を考えていこうと決意した人。その意図は分かるが、政党政治の論理や力学に絡め取られずに理想を貫くのは、容易でない。ドイツ緑の党も、当初は「反党的党」を掲げていたが、今日ではすっかり既成政党化している。より身近な例では、敦賀からひと山隔てた隣の県で、環境派として名を馳せた嘉田由紀子氏も、政党政治に翻弄される格好になった。今大地氏はそ

れをどう見ているのだろうか。

　政治学研究でも、政党政治は今や自明でない。多様化著しい政治的関係を、政党政治の枠組みで把握するには限界がある。とはいえ、それに代わる分析枠組みが確立しているわけでもないから、あくまでも便宜的に政党を単位とした研究を続けている。あらゆることが流動化している今日、政党政治との関わり方についても、誰が明確な解答など持ち合わせているのか。私も研究者として、答えを出せずにいる。それなのに、無党派で活動することをあえて選択した人に話を聞きに行くのは、一種の「怖さ」を伴うことなのである。

　「結局、二大政党制は原子力問題を争点化できない」と言いかけた時、「なぜ」とさえぎったのは、辻一憲氏だった。辻氏は、2015年4月12日の福井県議会選挙に、越前市・今立郡・南条郡選挙区から民主党公認候補として出馬し、初当選する。私たちは、短時間ながら同氏に話を聞くことができた。

　辻氏は、民主党福井県総支部連合会副代表などを務めるが、地元で自然体験活動・国際交流活動の団体を設立するなど、活動領域は狭義の政治を超えて多岐にわたる。そこには、エコツーリズム、災害ボランティア、自然エネルギー関係の仕事も含まれる。2014年末には、突然の衆議院解散（9頁）で民主党が候補者擁立に苦労したのは、福井県も例外でなかった。今自分にやれることをやるとの決意で、福井2区から立候補したが、落選。それに続けての、福井県議会選挙への挑戦である。原発やエネルギー問題には神経を使ったとのこと。民主党の県組織や、支持団体の意向もふまえる必要があるからだ。

　無党派を貫き市議会でがんばる人もいれば、政党政治の中で現実的展望を切り拓こうとする人もいる。どちらが望ましいのか、一政治学者の立場から優劣をつけることなどできない。断言できるのは、それぞれの地域にそれぞれの事情があり、それぞれのやり方で未来を模索する人々の実践があるということである。

模範解答なき模索

　脱原発社会とはどのような社会なのか、どうやってそれを実現するのかをめぐり、多様な意見がある。しかも、原発が撤退した後の原発立地を再生し、立場の弱い者に犠牲を強いながら経済発展を志向してきた戦後日本政治のあり方をも問い直すとなると、問題の根は深い。解決すべき課題、解明すべき論点は、数多くある。それに取り組むことは、模範解答なき模索とでもいうべきものである。

　若狭湾から帰った私たちに、今大地氏よりメッセージが届いた。「若狭からも越前からも孤立している敦賀だからこその生き残り方を考えるうえで、今、わたしは何をすべきかという問いに対する答えは、まだ見えてきてはいませんが、これからもポジティブにそして自由に、運動していきたいと思っています」。敦賀がそうであるように、それぞれの原発立地にはそれぞれ固有の事情がある。脱原発後にそこにどのような地域社会を築くのか。終局的には、それぞれの地域に生き、そこで活動する人々が選び取るしかない。

　「今大地は問題児」と、地元では言われるそうである。問題児の問題児たるゆえんは、前例踏襲、権威への服従といった官僚主義にありがちな態度に飽き足らず、柔軟な発想と型破りな行動力を持っていること。あらゆることに問い直しが迫られる変化の時代には、それはとりわけ重要なことである。そのような意味での問題児なら、敦賀だけでなく各地にいる。そして、それぞれの地域の実情に即した地道な活動の積み上げこそが、村上達也氏のいう「地方主権」（12頁）に内実を持たせるものとなろう。

(1) 茨城県東海村長の村上達也氏と、静岡県牧之原市長の西原茂樹氏。
(2) 大島堅一『原発のコスト／エネルギー転換への視点』（岩波書店、2011年）等参照。
(3) 清水修二「電源三法は廃止すべきである」（『世界』819号、2011年7月）102頁。
(4) 永井他前掲書（第1章注20）60、193頁。
(5) 本田前掲書（第1章注4）100〜104頁。

(6) 清水修二『差別としての原子力』(リベルタ出版、1994 年) 190 頁。
 (7) アルドリッチ前掲書 81 頁。
 (8) 経済産業省資源エネルギー庁ウェブサイト (http://www.enecho.meti.go.jp/about/pamphlet/pdf/dengenrichi.pdf)。
 (9) 長谷川前掲書 (第 1 章注 19) 51 頁。
(10) 石橋克彦編『原発を終わらせる』(岩波書店、2011 年) 153 頁。
(11) 本田前掲書 105 頁、長谷川前掲書 52 頁。
(12) 清水前掲論文 (2011 年) 98〜100 頁。伊藤光晴氏も電源三法廃止を是とするが、環境税の性格を有する新制度創設ではなく電力価格の引き下げを提起している点で、清水氏とは立場を異にする (福井県立大学地域経済研究所「原子力発電と地域経済の将来展望に関する研究 (その 3) エネルギー・原子力政策の転換と立地地域の将来展望」2012 年、93 頁)。
(13) 石橋前掲書 159 頁。
(14) 前掲書 161 頁。
(15) 道県ごとの創設年や税率等は、電気事業連合会ウェブサイトを参照 (http://www.fepc.or.jp/nuclear/chiiki/nuclear/kakunenryouzei/sw_index_01/index.html)。
(16) 塚谷文武「過疎自治体と原子力発電所:福井県三方郡美浜町を事例として」(渋谷博史・樋口均・櫻井潤編『グローバル化と福祉国家と地域』学文社、2010 年、第 2 章) 71 頁。
(17) 秋本健二『原子力推進の現代史／原子力黎明期から福島原発事故まで』(現代書館、2014 年) 91〜94 頁。
(18) 前掲『原発の行方』(第 1 章注 6) 3 章「豊かさと、リスクと」の「交付金で"政策誘導"」の項に掲載の表参照。市町別の詳細も掲載。
(19) 2014 年 6 月 18 日付け朝日新聞デジタル版「核リポート　原発銀座:2) 原子力は街の血液」(http://www.asahi.com/articles/ASG5Y4288G5YPTIL00N.html)。
(20) 三好ゆう「原子力発電所と自治体財政／福井県敦賀市の事例」(『立命館経済学』第 58 巻第 4 号、2009 年) 58 頁。
(21) 塚谷前掲論文。
(22) 鎌田前掲書 (第 1 章注 9) 158 頁。1979 年度の実績では、関西電力からの大規模償却資産税、家屋資産税、法人・個人住民税などは 12 億 7800 万円で、地方税の 77.9% である。
(23) 2013 年 1 月 1 日『東京新聞』2 面に掲載。発行日からすれば、2011 年度のデータと思われる。他に、年度や算定基準は異なるが、総務省「市町村別決算状況調」に基づく普通交付税および国庫支出金等の構成比に関するデータ (福井県立大学地域経済研究所発行の前掲論文 (注 12) 96 頁) も参照。
(24) 2015 年 3 月 18 日『福井新聞』2 面。

(25) 美浜町に関しては、2009年10月現在美浜発電所に在籍する従業員は457人で、そのうち美浜町在住者は246人、それ以外の原発関連業務にかかわる協力企業の労働者は1414人で、そのうち美浜町在住者は248人だという（塚谷前掲論文67頁）。
(26) 福井県立大学地域経済研究所発行の前掲論文39頁。
(27) 前掲『原発の行方』3章「豊かさと、リスクと」の「民宿　定検作業員頼み」の項参照。
(28) 福井県立大学地域経済研究所発行の前掲論文42〜43頁。
(29) 最終需要を10000とした場合の生産誘発額で表示。生産誘発額は、粗付加価値誘発額と原材料誘発額とからなるが、前者の一部には雇用者所得誘発額が含まれる。
(30) 前掲論文46頁。
(31) 前掲論文50頁。
(32) 新日本海フェリー（敦賀と小樽または苫小牧間で就航）からは見えるが、建屋彩色を周囲の環境と調和させるなどするという。
(33) 電源開発株式会社（J-Power）は、その後も、日本原電の株主として、また青森県大間町への原発建設計画の事業主体としてのみ、原発事業に関わっている。
(34) 改正電気事業法関連法の成立（2015年6月17日）により、「総括原価方式」は2020年以降に撤廃されることとなったが、電力自由化と、「国策」として進められてきた原子力政策との折り合いは容易でない（2015年6月18日『朝日新聞』3面）。
(35) 本田前掲書59頁。
(36) 前掲書65頁。
(37) 前掲書191頁。
(38) 2015年8月12日『朝日新聞』35面。
(39) 鎌田前掲書166頁。鎌田氏は、大飯町（当時）のタクシー運転手から聞いた話として紹介している。
(40) 日本原電ウェブサイト参照（http://www.japc.co.jp/company/about/region-a.html）。
(41) 2013年5月16日『朝日新聞』39面。
(42) 小出裕章・中嶌哲演『いのちか原発か』（風媒社、2012年）119頁。
(43) 福井県立大学地域経済研究所発行の前掲論文77頁。
(44) 2013年5月16日『朝日新聞』39面。
(45) ユーチューブへの投稿動画「敦賀市議今大地晴美さん、0601国会前大抗議で熱烈トーク」（https://www.youtube.com/watch?v=yUwi1V7gqkw）より。
(46) http://wan.or.jp/topic/?p=340
(47) ドライゼク『地球の政治学／環境をめぐる諸言説』（丸山正次訳、風行社、2007年）212頁。
(48) エコロジー的近代化は、ドイツの容器包装廃棄物政策を研究し

た喜多川進氏が「環境リアリズム」とよぶものとも通じると思われる。喜多川氏によれば、1980年代の西側先進国に浸透していたと推測される、環境政策は経済活動にも貢献し得るという認識は、緑の党により代表されるグリーンな勢力の台頭により加速された（喜多川進『環境政策史論／ドイツ容器包装廃棄物政策の展開』勁草書房、2015年、148頁）。

(49) 小野一『緑の党／運動・思想・政党の歴史』（講談社、2014年）238頁。
(50) 福井県立大学地域経済研究所発行の前掲論文103頁。
(51) 清水前掲論文（2011年）103頁。
(52) 広瀬隆氏によれば、100万キロワット級原子炉1基分の電気を太陽光発電でまかなうには、東京の山手線の内側と同じほどの面積を必要とする。都会では使えない風力発電は、それ以上の自然破壊をもたらし得る。自然エネルギーだけで原発に代替しようとする議論には、無理がある。広瀬氏がむしろ重視するのは（同氏は二酸化炭素温暖化説は破綻したとの立場をとる）、ガスタービン発電、燃料電池、コジェネレーション（電熱併給）などである（広瀬隆・明石昇二郎『原発の闇を暴く』（集英社、2011年）234～241頁）。
(53) 奥村宏『徹底検証　日本の電力会社』（七つ森書館、2014年）182頁。

第3章　若狭の声を聞け
　　──中嶌哲演住職との対話から示唆を得て

　2012年7月16日、東京の代々木公園で開かれた「さようなら原発10万人集会」。炎天下の会場を埋め尽くした17万人を前に、ひとりの弁士の演説が響き渡る。
　「地元中の地元、小浜市民の一人としまして、（大飯原発）再稼働見切り発車をストップできなかったことに、忸怩たる思いを禁じ得ません。かれこれ30年前に、小浜市民は強力な原発建設への反対運動を展開したわけですが、その折の一人の小浜市民の声だけは、ぜひ皆さんに伝えておきたいと思います。『（大飯原発）3、4号機が増設されてしまったならば、私たちの子や孫にまで死刑宣告を受けたのも同然だ』という言葉です」。

1．内なる植民地化に抗して

明通寺訪問
　話しているのは、小浜・明通寺の中嶌哲演住職。原発立地若狭の反原発運動の中心人物として、大飯原発差し止め訴訟の福井地裁判決を引き出した原告団長として、今や全国的に有名である。同氏の演説にもう少し耳を傾けよう。
　「118万キロワットの大飯3号機が、1日24時間フル稼働しますと、2832万キロワットの膨大な電気を作り出します。そして、送電分のロスを差し引きましても、少なくとも約2500万キロワットの電気を関西方面に送っているわけです。この一つ目の事実をまず銘記してください。
　二つ目に、1日24時間大飯3号機がフル稼働しますと、控えめに見積もっても約5億円の電気料金を関西電力は手にすることになってお

ります。

　三つ目の事実です。大飯3号機が1日24時間フル稼働しますと、その原子炉の中には広島原爆3発分の死の灰が生成されるのです。皆さん、これらの単純な事実のなかに、原発必要神話の根源と、安全神話の根本的な欺瞞があります。

　一つ目の関西方面への送電の件であります。関西広域連合の知事さんたちは、福島原発震災を受けて、被害地元の主張のもとに、これはひじょうに真っ当な当たり前の主張をもとに反対し続けてこられましたが、あに図らんや、その原子力ムラの面々から恫喝されたことによって、他愛もなく、あえなく再稼働を認めてしまいました。……

　まさに、ビッグピンチに私たちは直面しております。そのビッグピンチの中身やゆえんを、広く深く見きわめ、とらえ直すこと。これが根本的、全体的にこのビッグピンチを変えていく、ビッグチャンスに転化する出発点になると思っております。と同時に、3・11以前の、私たち一人一人の考え方、幸福や価値観、それに基づくいかなる生き方をしてきたのかということも、問い直されているのではないでしょうか。」

　私たち研究グループは、2015年2月22日、明通寺を訪問することとなった。

　小浜は、古い町並みに人々の信仰心が息づく寺町である。古刹めぐりの観光客も少なくない。棡山明通寺もそのひとつ。806年開山ともいわれる真言宗御室派のお寺である。本堂および三重塔（ともに13世紀に再建）は国宝で（写真13）、国指定重要文化財の仏

【写真13】小浜・明通寺　国宝の三重の塔（筆者撮影）

第3章 若狭の声を聞け——中島哲演住職との対話から示唆を得て

【写真14】明通寺の中嶋哲演住職へのインタビュー風景（筆者撮影）

像が4体ある。

境内の一角の応接室で、中嶋哲演氏は迎えてくれた（写真14）。百聞は一見にしかず、とはまさにこのこと。現地で直接聞く話はまるで重みが違う。2004年の美浜原発事故の死傷者11人の中で、最も多かったのが小浜の人だったこと、反原発運動に対する陰湿な嫌がらせも後を絶たないこと、などを淡々と語る。

同氏は、「原子力発電所設置反対小浜市民の会」の隔月刊ニュース紙『はとぽっぽ通信』への寄稿をはじめさまざまな言論活動を行ってきた他、著書もいくつかある。重複はあるが、若狭の反原発運動の軌跡をふり返っておこう。

市民の会が発足するまで

小浜市阿納（あの）地区。若狭湾沿岸の集落の多くがそうだったように、ここも陸の孤島の不自由さを強いられる土地だった。村人たちは、海でとれた魚を、険しい峠道を徒歩で越えて、小浜の町に行商していた。見かねたお寺の住職が、トンネルができれば村人はずいぶん楽になるだろうと、1955年から10年間、毎日のように小浜に托鉢に通った。こうして集めた資金を持って、市役所にトンネル掘削を要請。もちろんこれだけでは足りないが、自助努力はしたのだから、あとは行政の力で何とかしてほしいと。

こうしてできたのが阿納坂トンネル。粗掘りのトンネルで現在は使われていないが、すでに1966年には自動車道が通じていた。こうした住民たちの努力が、後の反原発運動の帰趨を大きく左右する。
　小浜に最初の原発誘致計画が持ち上がった時、候補地となったのは奈胡崎(なごぎき)地区。ここでは、漁業権が田烏(たがらす)漁協と内外海(うちとみ)漁協に分かれていた。田烏漁協では、地元から有力者が県会議員に出ており、原発誘致に熱心だった。もう一方の内外海漁協は、誘致反対。同漁協の副組合長だった角野政雄氏が、反対協議会の委員長になり、優れた才覚を発揮する。同氏はたびたび口にした。「先祖代々この海を大事に守ってきた。それをそのまま子孫に伝えたい。わしらの代で原発なんかを受け入れて、孫子の代に迷惑を及ぼしたくない。ツケを残したくない(2)」。
　当時、全国的な観光民宿ブームが巻き起こっていた。角野氏らは、釣り客や海水浴客を都会から呼び寄せることができれば、原発と引き換えにお金をもらう必要はないとの考えに立ち、独特の手法をとる。自民党の国会議員に陳情するなどして、既存道路の県道昇格を要請。それが成功したら今度は舗装と、着々と道路整備を実現(3)。原発ができればよい道路ができるというのが推進派の謳い文句だったから、それに先手を打つかたちになったわけである(4)。これを可能にしたのが、阿納坂トンネルの前例だった。
　角野氏のところには、中嶌氏もしばしば応援に訪れた。角野氏には、ずいぶん嫌がらせがあったようである。ついに圧力に抗しきれなくなって、「今まで何とか持ちこたえてきたけれども、もう土俵際で弓なりになっている」という。原発推進派の力は強く、内外海漁協の人たちだけに任せておいてはいけない。
　そこで、1971年12月、「原子力発電所設置反対小浜市民の会」を結成する。6つの加盟団体（原水爆禁止小浜市協議会、福井県高等学校教職員組合若狭ブロック、福井県宗教者平和協議会小浜支部、部落解放同盟遠敷支部、若狭青年原電研究会、若狭地区労働組合評議会）と3つのオブザーバー団体（内外海地区原電設置反対推進協議会、小浜市連合青年団、日本共産党小浜市委員会）からなる組織だが、中嶌氏の所属す

る「宗教者平和協議会小浜支部」もそのひとつ。以来20年ほど、中嶌氏が市民の会の事務局長を務める。

市民の声で政治が動く

　市民の会が行った主な活動は、地域ごとの学習会と署名運動である。当時約3万4000の小浜市の人口規模が、きめ細かく、しかも地域のしがらみに阻害されない運動を展開するのに好都合だったという。署名の請願事項は、小浜への原発設置反対、大飯原発の建設中止とこれ以上の原発集中への反対、既設原発の監視機構の強化と民主的運営の3点。これらは結成大会の宣言で掲げられた目的をふまえたものだが、その宣言の後半は次のように締めくくられていた。

　「この共通目標のもとに、私たちは、まず自ら真実を学び、若狭・小浜市の真の発展の方途をともに考えながら、各家庭・各職場・各地域などにおいて、それらのことを知らせ説得していく活動を直ちにはじめる決意です。私たちが一致団結してたちあがり、その意志を市議会に反映させるならば、大企業や、それに手をかしている現在の政府といえども、原電を私たちにおしつけることはできません。また、若狭湾を汚し、私たち市民のいのちとくらしを破壊しようとする、こうしたごう慢な力に対して、広範な住民運動を基礎に、各議会や県・市当局まで含めた一大抵抗運動を展開することを、提唱するものです。そのためにも、原電の設置、集中、基地化に反対するあらゆる声・運動・団体をまず、『市民の会』に結集しようではありませんか」。

　学習会は熱心に取り組まれた。ポスターひとつにしても、地域の人が書いたりデザインしたものが使われ、文字どおり市民の手作りの運動が展開された。1972年の市議会の動向にあわせ、「美しい若狭を守ろう！」のスローガンが刷り込まれたビラが、6度にわたり全戸配布された。3回目のビラの「公害列島の中のオアシス若狭」という文章は、一過性のビラとして忘却されるにはあまりにも惜しい内容なので、重複を厭わず引用する。

　「水がきれい、新鮮な魚、景色がすばらしい、古い文化財の多いのに

感心、素朴、土地の人がとても親切、海をいつまでも美しく、文化財と自然環境を破壊しないように、自然との調和をはかりながら観光都市としての発展を——これらのことばは、国定公園の若狭湾、"海のある奈良"、小浜市を訪れる人々が一様に口にするものです。公害列島化しつつあるわが国において、美しい若狭は、いまや私たちだけのふるさとというにとどまらず、国民的なオアシスになっています。また、こうした条件を生かす地域開発こそ、若狭・小浜市の真の発展をもたらすものといえましょう」(5)。

6月市議会に向け、集められた請願署名は、1万3000余りで有権者の過半数に達した。当時26人の市会議員のうち、21人の保守会派が署名の不採択を決定。しかし社会党、共産党、公明党の議員が採択を主張したため、紛糾した総務委員会が4回も開かれることに。委員会を傍聴する人の数は回を追って増えた。最終回では、中嶌氏が署名の請願代表者として意見陳述。制限時間約30分のところを1時間半ほど話したら、傍聴席から拍手が起きたという。本会議の傍聴席も満席に。こうした経緯の一部始終を見ていた市長は、議会の多数派が請願署名を否決したにもかかわらず、「市民に不安のある限り誘致しない」と言明したのである。

原発誘致を断念した市長の決断はたいへんなものだが、有権者の過半数がいやだと言ったことを尊重しただけとの見方もできる。全国では市民運動が原発計画をはね返した20数地域の例があり（図6）、ここだけが特殊な例ではない。とはいえ、小浜市民は、市の行政、議会、議員が本来どうあらねばならないか、にもかかわらず現実がどうであるのかを、ここから学んだ(6)。

もちろん、原発推進派の巻き返しは、その後も執拗に続く。上述のように、1975年に保守会派から提案された「発電施設の立地調査推進決議（案）」は、またしても、翌年3月の市議会で市長の決断により頓挫する。「財源（原発）よりも、市民の豊かな心をとりたい」との名答弁（35頁）は、頭の中で考えられた美辞麗句ではない。小浜の2度にわたる原発誘致阻止は、大多数の市民運動とそれを謙虚に受け止めたふたり

【図6】「反原発列島」地図
　出典：中嶌哲演・土井淑平『大飯原発再稼働と脱原発列島』227頁

の市長の決断に恵まれたためだと言える。(7)市民の声が政治を動かすという、地方自治の原点が、ここにはあった。

黒船以来の近代化のひずみ

　小浜の反原発運動は、時に厳しい条件の下で、郷土に生きる自分たちとその子孫のために考え、行動してきた人々の営為の凝集である。それにもかかわらず、傑出した人物の存在抜きには、運動の経験が地域を超

えて共有され、社会のあり方と人間の生き方を問い直す現代の思想へと昇華していくことはない。中嶌哲演氏の中で、さまざまな問題はどのように体系づけられているのだろうか。

氏は、『はとぽっぽ通信』第187号（2011年12月）に、次のように書いた。「泰平の眠りを醒ます上喜撰たった四杯で夜も寝られず」とよまれた4隻の黒船来航（1853年）以来、欧米に追いつき、追いこせと、「この国」はその植民地支配や侵略戦争まで模倣してしまったのだ。その帰結としての、沖縄、広島・長崎の過酷な犠牲（1945年）ではなかったか。「福島原発震災」（2011年）がやはり米国のＧＥ（ゼネラル・エレクトリック社）から直輸入の老朽原発に起因することも、何というこの国の近・現代史を貫徹する皮肉であろうか(8)。

かつて国策として遂行された侵略戦争と、それに伴う過酷な植民地支配と加害行為。これらへの総括が不十分なまま今日まで来たことが、戦後の「国策」としての原発推進にも重なるのだという。「私には、原発現地で起きていることは、植民地支配そのものだと思えます。いわば国内植民地支配。かつてアジア諸国、太平洋の島々を植民地化した時代は、その植民地に傀儡政権をつくった。日本の言うことを聞く勢力を国内につくりだし、それを通して現地を支配するやり方です。原発の場合もやはり、大飯町や高浜町や敦賀市や美浜町の中に、かつての植民地の傀儡政権に相当するものをつくりだした。地方自治体、地元商工会や建設業界、そういうお金、利益によって操ることのできる階層、勢力をいわば傀儡に仕立てあげた。そしてそれを通して、巨大な日本の国策としての原子力システムを推進する。そういう共通性があります(9)」。

原発を取り巻く幾重もの差別構造への怒りが、近代以降の日本の発展の負の側面と関連づけてとらえられる。負の遺産の最たるものは、戦争である。戦争末期の悲劇のひとつが特攻隊だが、原発の下請け被曝労働者はまさに現代の特攻兵士である。「市民の会」をバックアップしたメンバーの中にも、被曝労働に従事した経験を持つ人もいる。

中嶌氏は言う。「原発現地こそ、原子力村なんですよね。現地の原子力村の方が、ずっと赤裸々で、本質が濃縮されていると思う。福島の事

態が起こってすら、いやもっと動かしてくださいとか、新増設、リプレース（再設置）してくださいとか、さすがに国レベルの原子力村の住民も、今の時期では遠慮せざるをえないようなことを、地元のミニ原子力村の人たちは赤裸々に本音を言いますよ。もっとつくってくれ、動かしてくれ、そのかわり金をよこせとね。そういう状況ですから、現地は現地で、そういう人たちに対してどうしていけばいいのかを真剣に考えていかなければいかんのです」。

　原発立地。そこには上に見たような近代化のひずみが重層的に、しかも集中的なかたちをとって表れる。原発を押しつけてきた巨大勢力である原子力推進組織と、それが現地に作り上げた「ミニ原子力ムラ」。これにより、一般住民に至るまでコントロールされる。お金の力により、住民は自由にものを言ったり、行動したりできない。地元の行政や議会、産業界は、原発なしに自分たちはやっていけないと、強迫観念に近いものを持たされる。一方、狭義の原子力ムラのほうは、巨大な利権が絡んでいるから、脱原発世論が巻き起ころうとも、粛々として巻き返しを図ろうとする。(10)

ふたつの神話

　改めて、原子力ムラとは何かを示しておこう。一般にこれは、政・官に原子力関係の産・学が癒着した原発推進者ばかりの共同体を指し、電力会社の潤沢なカネを回し合うシンジケートを形成する。原子力の研究分野では、東大工学部、東工大原子炉工学研究所、京大原子炉実験所が三大勢力である。(11)経済産業省とそのふたつの外局（資源エネルギー庁と原子力安全・保安院）を中核とする「官」セクターを電力業界、政治家、地方行政関係者、原子力産業、大学関係者が取り巻く「核の六面体構造」に注目した規定のしかたもある。(12)広瀬隆氏と明石昇二郎氏は、福島原発事故直後の対談の中で組織系統と責任者を実名で明かすとともに、刑事告訴を準備している。それとともに、『東京新聞』特別報道部総括デスクを務めた坂本充孝氏の、「深刻な問題はむしろ、日本が浮くか沈むかという瀬戸際においてさえ、権力欲にまみれた政治家の拡声器としてし

か機能しなかった旧来型の政治ジャーナリズムにあったと思う」という自省を込めた述懐にも耳を傾けたい。

　原子力ムラが作り上げた、ふたつの神話がある。「安全神話」と「必要神話」。このうち安全神話のほうは、過酷事故の現実を目の当たりにして、破綻は明らかである。必要神話にはふたつの側面がある。従来、エネルギー資源に乏しい日本に原発は不可欠と喧伝され、そしてまさにここが問題なのだが、福島原発事故を経てなお、政府は原発を重要なベースロード電源と位置づけている。だが、原発がなくとも日本は電力需要を賄い得ることは、かなり早い段階から知られていた。それどころか、(地震大国日本では)原発はベースロード電源として使い得る要件すら満たせない、不適な失格電源との指摘もある。この意味での原発必要神話は、すでに崩壊している。

　しかしながら、原発立地が原発を必要とする、という意味での必要神話への誘惑は、容易に絶ち難い。かつて、村人のために、10年に及ぶ峠越えの托鉢を経てトンネルを掘った僧侶がいた。こんな苦労をせずとも、原発を受け入れれば、それ以上に立派な道路がいとも簡単にできてしまう。そして、いったん原発経済を受け入れた地元は、麻薬中毒患者のように依存的態度を強める。原発がなくなった時、こうした地域がどのように自活していくのかを構想するのは、容易ではない。

　だからこそ、中嶌氏は言う。「本当は電力を享受するメジャーな大都市圏の人たちにこそ、原発の問題を論議してほしいのに、それが共有されないできたということです。そういったことなどが、やはりここまで原発を増やして、のさばらせてきたことにつながっていると思うんです」。

　原子力ムラは、どこにあるのか。政界・経済界の中枢部か、原発立地地元か。大学の研究室か。ことによると原子力ムラは、私たちの心の中、ライフスタイルの中にも潜んでいるのかもしれない（187頁）。大都市に住む人も、地方の人も。たとえ脱原発運動に携わっている人でも、そうした思考法とは無縁だと、誰が断言できようか。電気を使わず生活できる者はいない。当たり前のように供給される電気を当たり前のように

使っていると、それが重層的な差別構造の上に成り立っていることに、しばしば鈍感になる。そして、脱原発後の地域経済をどうするかという難問は、原発立地地元の自助努力の問題として回避される。

もちろん、こうした問題を作り出してきた責任は、弱者の犠牲の上に経済成長路線を推し進めてきた中央集権的な政治・経済体制、ないしはその帰結としての狭義の原子力ムラに求められるべきである。だがこうした思考法を批判し切れなかったのだとすれば、今後の脱原発運動のあり方にも自省を伴った再構築が求められる。そのためになされるべき課題のひとつひとつに解決策を与えていくことが、脱原発社会へ至る長い道のりで避けて通れないのである。

2.「被害地元」と「消費地元」

被害地元の概念化

避難対策は、非常に限定的な範囲でしか考えてこられなかった。原発の周囲5キロ圏の予防的防護措置準備区域（PAZ）は、即時避難の対象となる。これに対し、緊急時防護措置準備区域（UPZ）とは、原子力施設からおおむね半径30キロの防災対策を重点的に行う区域のことで、国際原子力機関（IAEA）が示した概念である。日本政府は従来、半径8～10キロを防災対策を重点的に行う地域（EPZ）としてきたが、福島原発事故を受けUPZの考え方を導入した。[16]

ひとたび事故が起これば、被害は広範囲に及ぶ。福島原発から40キロ離れた飯舘村では、放射性物質を含んだ降雨の影響により、全域が避難対象となるほどの土壌汚染が発生した。アメリカ政府は、80キロ圏内に居住するアメリカ人に避難を呼びかけ、ドイツは東京の在日ドイツ大使館の機能の一部を関西に移すなどの措置をとった。日本に居住する自国民に帰国を促した国はいくつかある。隠蔽体質のゆえなのか、無知なのか（それは考えにくい）、日本政府の避難対策の遅れは、国際基準に照らしてお寒い限りである。

福井県嶺南（若狭）地方は、滋賀県および京都府と境を接する。敦賀

原発から30キロの円を描くなら、滋賀県北部が含まれる（160頁図7）。高浜原発に至っては府県境まで約4キロで、京都府北部（丹後）地方のかなり広い部分が30キロ圏に含まれる。京都市まではやや距離があるが、琵琶湖が汚染されれば関西は水がめを失う。福島原発事故後、近隣の自治体が敏感に反応したのは当然である。

　嘉田由紀子滋賀県知事（当時）は「被害地元」概念の提唱者として知られるが、それは2012年4月17日、山田啓二京都府知事との共同記者会見で表明された(17)のが最初と思われる。両知事はそこで、「国民的理解のための原発政策への提言」を発表する。それは、「①中立性の確立／政治的な見解ではなく信頼のおける中立的な機関による専門的な判断を」、「②透明性の確保／国民の納得できる情報公開を」、「③福島原発事故を踏まえた安全性の実現／免震事務棟、防潮堤など恒久的な対策ができていない段階における安全性の説明を」、「④緊急性の証明／事故調査が終わらない段階において稼働するだけの緊急性」、「⑤中長期的な見通しの提示／脱原発依存の実現の工程表を示し、それまでの核燃料サイクルの見通しを」、「⑥事故の場合の対応の確立／オフサイトセンターの整備やマックス2、スピーディなどのシステムの整備とそれに伴う避難体制の確立を」、「⑦福島原発事故被害者の徹底救済と福井県に対する配慮について／東京電力はもちろんのこと、国においても福島原発事故被害者に責任を持って対応するとともに、福井県の今までの努力に対し配慮を」の7項目からなっていた。

　こうした姿勢は、野田政権（当時）の再稼働容認路線への対抗軸となり得るものである(18)。滋賀県が5月25日に実施した県民アンケートでは、提言に74％が賛同し、80％が再稼働反対の回答を寄せた。

　「被害地元」概念は、かなりの浸透を見た。若狭湾の原発のことはどちらかというと他人事で、むしろ電力を消費する受益圏と思われていた地域。しかし、原発事故が起きれば、自分たちも受苦圏となることが、はからずも明らかになった。若狭の原発問題には無関心だった福井県嶺北地方の人々の間にも不安や関心が高まり、県内各地でさまざまな活動が既存の反対運動組織の枠を超えて広がったのも(19)、ある意味で、福島原

発事故後の受苦圏拡大の延長上に位置づけられる。原発に反対する動きが原発立地以外の自治体も巻き込んで広域化するのは、かつてなかった。これが、脱原発世論が空前の盛り上がりを見せるための共鳴板となったであろうことは、想像に難くない。

だがここに、複雑な思いを禁じ得ない人もいるのではなかろうか。とりわけ、長年、原発立地としての負担を背負いながら、それを当然視する受益圏（とかつては思われていた）の人々の冷淡な反応を苦々しく思ってきた人々にとっては。

消費地元という観点

「大飯原発3、4号機の『再稼働』をめぐって広範な世論と運動が展開されたけれども、3つの『地元』概念が重要な役割をはたしたのではないだろうか。一つは『立地地元』――前述のように理不尽な中身をはらんでいる。事を進める上で行政手続きが容易で、交付金なども安くつく。二つは『被害地元』――福島原発事故後、嘉田滋賀県知事が提唱、関西広域連合の知事たちも再稼働強行に反対したが、『夏場の電力不足』の脅迫にあえなく屈服してしまった。三つは『消費地元』――これは私の造語で普及しなかったが、肝要な地元概念ではないかと自負している。つまり、福島10基や若狭15基の原発群を真に必要とし、その全電力を消費してきたのは、関東首都圏であり、関西2府4県である」[20]。

これを書いているのは、他ならぬ中嶌氏である。

今いちど、若狭地方の地図を見よう（26頁図1）。大飯原発は小浜市の対岸にある。半径10キロ圏内の住民分布では小浜市民が約7割で（おおい町民は2割弱）、20キロ圏内には市内ほぼ全域が入る[21]。すなわち小浜は、れっきとした被害地元である。しかし、滋賀県が被害地元であるのと同じ意味で、小浜が被害地元であると言うのはおそらく適切でない。

小浜は、地道な反対運動を通じて原発誘致計画をはね返してきた（35頁）。だが、それと入れ替わりに大飯原発が作られた。このことは小浜市民にとり、負担ばかり大きく経済的メリットがない[22]という理不尽さにとどまるものではない。立地地元とはおおい町であり、新増設や再稼働

に同意権を有するのはおおい町である。原発を拒否した小浜の市民、議会、自治体に発言権を与えたくなかった、という思惑が透けて見える。[23]

隣接自治体の問題を「被害地元」概念により可視化した、嘉田氏らの功績は大きい。だが、酷な言い方をすれば、最近になって被害地元と言い出した地域は、若狭湾に原発が作られた頃にはどのような態度をとったのだろうか。交通インフラの整わない貧しい漁村が一気に豊かになる誘惑を絶ち、数々の圧力に抗しながら原発によらない町作りを選んだ人たちの苦渋に満ちた決断を、どこまで共有できていたのだろうか。

長距離送電が比較的容易な電力は、その特性上、原発の負担を立地地元に押しつけて、消費地（都市部）では便益のみを享受していられるエネルギーである。福島原発事故後の脱原発運動にもかかわらず、再稼働・原発輸出路線に復したのがなぜかを考える時、原子力ムラの強固さをはじめとする推進側の事情とともに、「消費地元」概念が浸透しにくいことに象徴される非対称な地域間関係や世論状況も検証せねばならない。

地元概念の拡張が、こと原発に関しては重要な意味を持つとしても、被害地元と消費地元とでは問い直しの方向がまるで違う。「被害地元」概念は、当該地域の人々の不安感に直結するので理解されやすい。それに対し「消費地元」のほうは、立地地元の犠牲の上に電力消費者としての恩恵を享受する大都市住民に、自らのライフスタイルへの反省的問い直しを要求する。耳が痛い話であるだけに、抵抗感がある。[24] 被害地元であるとともに消費地元でもある滋賀県などでは、後者の概念は前者に比べて受け入れられにくい。

「消費地元」概念の強調が、脱原発運動にプラスかどうかは、意見が分かれる。都市部の人々と現地の人々との分断を助長し、下手をすれば、独善的な主張が運動をセクト化させることにもなりかねない。原発で作られた電気を使う者に原発に反対する資格はない、などと言おうものなら、それこそ、原発推進側が好んで口にする脅しに似たレトリックと瓜二つではないか。国民総懺悔ととられかねない議論が責任の所在をあいまいにし、結局は原発推進側を利するとの批判もあろう。

もちろん、運動を分断させることが中嶌氏の意図とは正反対であるこ

となど、言うまでもない。大都市と地方、電力消費地と原発立地。立場や事情の違いは当然の前提として、最大公約数的な一致点で結集することが、社会運動を成功させる王道である。だが次のことは、心にとどめ置いてもよい。人は、被害者にされることには敏感に反応するが、知らず知らずのうちに自らも加害者になり得ることは、しばしば忘れがちである。

「消費地元」の脱原発運動が原発立地の運動と良好な関係を築いていく可能性については、第4章第2節で再考する。

関西広域連合と原発

原発に反対する動きが立地地元を超えて広がる際に、無視できない存在となったものがある。関西広域連合は、関西の2府5県が結集して2010年に発足した、地方自治法上の特別地方公共団体である。当初は、大飯原発再稼働反対（ないしは慎重姿勢）を表明していた。大阪府市が2012年4月10日の「エネルギー戦略会議」で「原発再稼働の8条件」を提言し（表現を緩めた「原発の安全性に関する提案」として政府に提出する方針を16日に決定）、これに上述の、京都府知事と滋賀県知事の「国民的理解のための原発政策への提言」が続く。

その関西広域連合が、5月30日、再稼働を事実上容認する姿勢に転じる。大阪市長の橋下徹氏は、「今夏に限っての再稼働容認だ」と強調する。大阪府市のエネルギー戦略会議も、6月9日、「原発再稼働に関する緊急声明」を発表し、大飯原発の再稼働にはあくまでも反対であること、「安全性が確認されていない以上、再稼働は必要最小限の期間にとどめること」や「9月の節電要請期間を過ぎたら、直ちに稼働を再停止すること」、などを政府と関西電力に要請した。

関西広域連合は、節電要請期間が終了する9月7日、大飯原発の安全性を再審査するよう政府に求める声明を発表したが、即時停止の要求は見送られた。松井一郎大阪府知事の提案に対し、井戸敏三兵庫県知事らが難色を示したためである。9月11日には、橋下市長が、大阪府市のエネルギー戦略会議を当面休止する方針を明らかにする。このことは、

橋下氏を代表とする日本維新の会の政界進出と絡み、さまざまな憶測を呼んだ。

　大飯原発再稼働の容認に至った背景に、関西電力が「停電」を武器に企業に焚きつけ、自治体の首長らを脅していた事実があったことは、嘉田知事の記者会見での発言から確認できる。同氏はさらに、関西電力から圧力をかけられたであろう企業が、「税金払わない」、「（滋賀県から）出て行く」と言い始めたことも明らかにした。(26)

　日本維新の会は、11月17日に東京都知事（当時）の石原慎太郎氏を代表に迎えて太陽の党と合流するや、選挙公約から「脱原発」の看板そのものを降ろすに至った。関西自治体首長の一連の対応について、中嶌氏は、「被害地元」への言及はあっても「消費地元」としての自覚と反省が不足していたために、夏場の電力不足という恫喝に屈してしまったのではないだろうか、とコメントする。(27)

ポピュリズムを超えて

　関西広域連合の経験は、いくつもの重要な論点を示している。

　日本維新の会と太陽の党の合流を受けて、嘉田氏は記者会見で、「正直驚いた。3・11以降、関西を引っ張ってきたのが（維新の会代表代行の）橋下徹大阪市長だ。関西電力大飯原発3、4号機の再稼働をめぐっても原発ゼロを強調していた。後退したのは残念。仲間を失った感じがする」と語った。(28)この間の顛末は、橋下氏の特異な言動に帰せられるところが大きい。彼の政治的立ち位置は、憲法改正、集団的自衛権、日米同盟、沖縄基地、ＴＰＰ推進、日の丸君が代、労働組合敵視など、自民党のタカ派と大差ない。唯一、大阪府市のエネルギー戦略会議を通じた脱原発パフォーマンスのみが、保守主義政治家の中では異彩を放つものだった。

　橋下氏のように強烈な個性を持った政治家が、マスメディアを通じて大衆に訴えかけ、絶大な人気を武器に政治を危険な方向に推し進める手法はポピュリズムとよばれ、現代民主主義の試練のひとつである。橋下氏とタッグを組んだ石原氏も、典型的なポピュリスト政治家である。国

政レベルで最も成功したのは、元首相の小泉純一郎氏だろう。細川護熙氏から小泉氏に至る政治家たちは、自民党や省庁の守旧派、抵抗勢力といった「悪玉」に対抗し、政治改革を断行する「改革者」姿勢により喝采を浴びてきたのである。(29)

小泉首相が2005年の郵政選挙で自民党を圧勝に導いたように、橋下氏にとり脱原発とは、政界進出の足がかりでしかなかったのか。当事者には酷な言い方だが、まじめに脱原発を追求しようとした者は、橋下氏の戦略のために都合よく使い捨てされただけだった。

関西広域連合が再稼働反対から退却していく過程は、空前の盛り上がりを見せた脱原発世論が現実政治の壁に阻まれる時期と重なる。社会運動を通じた政治改革の限界性を示唆するものだろうか。長期的な改革展望の中での一時的な挫折だろうか。最終的な答えを出す前に、検討すべき論点はいくつかある。脱原発に関していえば、消費地元の有権者との間にいかにして連帯を構築するか。しかも、ポピュリズムへの誘惑が強く働く時代に。困難だが避けることのできない課題に際して、中嶌氏の所論から学ぶものは少なくない。

3．必要神話を問い直す視点

ヒロシマ・若狭・フクシマ

長年にわたり若狭の反原発運動の先頭に立ってきた中嶌氏。1977年9月には、高浜3、4号機増設計画に抗議して断食まで行っているが、この情熱はどこから来るのだろうか。

中嶌氏は、1942年生まれ。東京芸術大学美術学部中退、高野山大学仏教学科卒業。学生時代、日本宗教者平和協議会に関わり、広島の原爆被爆者と出会う。この体験が原点にある。

ある科学者の講演で、1基の原発が1年間動けば、広島に落とされた原爆1000発分の死の灰と、長崎の原爆30発分くらいのプルトニウムが生成されると聞く。原発のことは何も知らなかった中嶌氏を反原発運動に向かわせるには、この一言で十分だった。原爆被爆者の援護・交流

活動を通して、被爆（被曝）がどんなに大変なことなのか、思い知らされていたからである。心配や影響は、子や孫の代にまで及ぶ。そして、被爆者なるがゆえに差別や偏見を恐れ、隠れるようにして生きていかなければならない。

　その後若狭に帰り、「原子力発電所設置反対小浜市民の会」を立ち上げる。小浜は広島とは関係がないと思われがちだが、実はそうでもない。復旧のため、原爆投下後２週間以内に爆心地から２キロ以内に入った人は、被爆手帳をもらうことになっている。小浜の場合は、軍隊で徴用されて広島に行き、残留放射能で二次被爆した人が少なくなかった。「そうした話をずいぶん聞き知っていたものですから、原子力の平和利用か何か知らないけれど、そんな死の灰をつくりだすようなものを小浜市民の目の前に建てる、そんなものが近くに来るなんてことは許されることではなかった。だからわたしの場合は、即反対の決意をしました。それ以来、同じようなことをくり返し、くり返し言い続けてきました」[30]。

　それだけに、福島原発事故を目の当たりにして、言葉を失ってしまった。『はとぽっぽ通信』第189号（2012年10月）の巻頭言には、次のように記す。

　「3・11以後の『原発震災』で過酷な日々をおくっている福島県の人々は、3・11以前の日々をかけがえのない、いとおしいものとしてふり返り、とらえ直しているようだ。寺で経営している幼稚園の屋根や庭土の除染に自ら悪戦苦闘し、削り取った表土を境内の一角に埋めている若い住職は、『とりもどしたいのは、みんなの微笑みだけ』と語っている。

　『若狭原発震災の前夜』（石橋克彦）に生きている私も、『第二のフクシマ』を先取りした、いわば『末期の眼』で、現在只今の子どもたちの遊ぶ姿や大人たちのいとなみ、四季折々の海や山川草木を観ているような気がしてならない。それらが限りなく愛しく、美しく、輝いてさえ観えるのだ。天災としての大地震・津波は避けられないだろうが、大人災としての原発震災は何としても防がなければならない。切にそれを願っている」[31]。

「少欲知足」の考え方

　そもそも宗教者が、原発のような政治的問題に関与するのは是か非か。またそれは、いかなる意味においてそうなのか。例えば、ドイツが2022年までに原発から撤退することを決めた際、重要な役割を果たしたのは「安全なエネルギー供給に関する倫理委員会」だった(32)。これは、原子力やエネルギーの専門家集団ではなく、社会学者や哲学者、宗教関係者などを含む知識人の委員会である。もちろん、日本とドイツでは、政治制度や文化的背景が大きく異なるとはいえ、ひとつの参考として注目すべきことではある。

　中嶌氏は1993年から、「原子力行政を問い直す宗教者の会」を作って活動してきた。参加するのは、仏教に限られない。議論の出発点には、先の戦争で仏教界も戦争協力してきたことへの真摯な反省がある。そうした歴史を教訓にしなければ、原発に関しても同じ過ちを犯しかねない。議論を積み重ねた上で原発には、とりわけ日本の核武装とも結びつきかねない「もんじゅ」には、きちんと異議を表明すべきとの結論になったという(33)。

　「もんじゅ」といい「ふげん」といい、原子炉に菩薩の名が冠せられるのは、日本の仏教界としてはおもしろくない事態だろう。原子力エネルギーをコントロールする高度の科学技術に対し、文殊の知恵と普賢の慈悲にあやかって命名された。だがそこには、重大な誤解があるという。「本来の文殊菩薩が乗って制御しようとしている獅子は、プルトニウムみたいな核物質でも物質的なパワーでもなく、人間の内面の欲望なのです。欲望や人間のエゴ、これはすごく強力なものなんですね。これが暴走していったらなんでもやらかします。戦争もやるし、科学技術や産業の名を借りて、人を傷つけたり命をだめにするようなことでも、どこまでもやり抜いてしまう。……そういうものをいかにコントロールしていくかというのが、本来の仏教の意味していた事柄だとわたしは思ってます」(34)。

　宗教が、本来目指すものとかけ離れて、体制側に取り込まれていく危険性。今日ではそこに、近代文明や科学技術との関係を付け加えるべき

だろう。

　仏教の根本思想に、「少欲知足」というのがある。自発的に少欲の道を心がけ、生きとし生けるものとできるだけ調和して生きていくことの中に、ほんとうの意味での人間の幸福なり、真実の満足が得られるという考え方である。ところが、宗教者自らがその根本精神を裏切り続け、欲望を拡大してこなかったか。宗教が堕落しているところに、科学技術信仰というまさに別の信仰が入り込んでしまったのでは、という議論が「宗教者の会」でもなされた。安全神話も原発必要神話も、こうした科学信仰の上に出てきたものである。(35)

　だがここで、疑問が生じる。宗教者としての価値観に基づく実践を、少欲知足というライフスタイルを、一般の人にも求めてよいのだろうか。もしそれが不可能なら、原発のような巨大エネルギーへの誘惑は、絶ち難く存在し続けることにならないか。そもそも宗教（ここでは仏教）は、ストイックなまでの自己犠牲の上に利他主義を求めるものだろうか。

自利と利他との調和

　中嶌氏は言う。「仏教では自分と他との関係で、『自利』と『利他』ということを言うんです。『自利』自分自身の利益と、他者を利する『利他』、他者の幸福を尊重してそのために他者の利になるような働きをするということですね。そして『二利円満』というんですが、自利と利他という、その二つの『利』を円満に調和させるということです」(36)。

　それがややもすると、利他だけが強調されてしまう。戦時中、仏教者が国の滅私奉公のキャンペーンの片棒を担がされたのは、そのためである。だが、最初から犠牲を払って他人（国）のために尽くせというのは、仏教の本来の精神ではないという。そして、「世界がぜんたい幸福にならないうちは個人の幸福はあり得ない」という宮沢賢治のことばは、仏教の自利、利他のことを言っているのだと指摘する。

　宗教に造詣のない私のような者が、これ以上余計なことを書くべきでない。一政治学者として興味深いのは、自利・利他の精神から、本書の問いに何かしらの手がかりを得られないか、ということである。原発立

地地元と消費地元の連帯は可能か、ないしはそれをどのように追求すべきか。

　自利・利他の精神は、人間以外にも自然環境の中に生きとし生けるもの全てとともに、過去と未来の他者をも包摂する。現在生きている者同士の連帯だけではなく、これから生まれてくる者、そして、精一杯努力して過去を生き我々の世代に恩恵を残してくれた人、逆にすごく不幸な目に遭って怒りや無念を飲み込まされて亡くなっていった人たちの歴史や経験も忘れてはいけない。重層的な差別構造を前提とし、将来世代にも重大な禍根を残す原子力（武器であれ「平和利用」であれ）とは対極にある発想である。とはいえ、私たちの生きている社会はさまざまなかたちで分断化され、他者との連帯を構想しにくくなっているのも事実である。

　消費地元たる都会で暮らす者にこそ、自らの価値観とライフスタイルの問い直しが求められる。ただし彼らは、安逸な生活を送っているわけではない。経済グローバル化が喧伝される中で、熾烈な競争と業績主義の圧力にあえぐビジネスエリート。町工場や商店を経営する中小事業者には、わずかな電力料金値上げが文字どおり死活問題である。ごく一部の富裕層を利して経済格差を拡大させる構造そのものが問題だ、と言うのはたやすい。しかし、日々の生活の中で悪戦苦闘を強いられる多くの都市住民にとり、原発立地のことにまで想像が及ばない、というのが実情だろう。

　こうした隘路からの脱出は容易でない。だが、闇深ければ光も強し。全てを悲観的に考える必要もないのかもしれない。人間は、自利的な欲望を強く持つと同時に、理性的な存在でもある。他者を思う心を忘れずにいれば、原子力エネルギーの即物的な恩恵を超え、文殊の知恵と普賢の慈悲の理想に近づくことも不可能ではないはずである。

　水上勉の言葉を反芻しよう。「使い捨ての文明のエネルギーを生むのが原発炉なら、『一滴の水』を惜しめといった禅僧の言葉は一見矛盾に思える。けれど、思いをふかめれば、ふかい哲学として、汲めどもつきぬ価値をもって胸を打つのである」。

若狭の声

　「美しい若狭は、いまや私たちだけのふるさとというにとどまらず、国民的なオアシスになっています」。すでに本書でも紹介した「小浜市民の会」のビラの一節だが、この言葉が、当時とはまた違った意味で重要性を持ってきているように思われる。

　脱原発社会への模索は、時に逆風に遭いながらも、少しずつ進展している。その際、原発立地と消費地元の連帯がなければうまくいかないこと、そのためには私たちのライフスタイルや価値観も含めた問い直しも必要なことが、明らかになった。脱原発社会に向けての新たなビジョンが出てこなければならない。どこから。美しい自然の中で人々の豊かな心を育んできた若狭が、その発信地となるのではないか。

　若狭の地に、中嶌哲演氏をはじめ、優れた運動指導者がいたのは幸いだった。だがそれは、この地に生きる普通の人々の声なき声を、代弁しただけのことかもしれない。若狭の人々の数々の経験、苦悩、葛藤、生の喜び。そうしたことを語り伝えるのに、水上勉の筆力も五木ひろしの歌唱力も必要ない。

　若狭の声に耳を傾けよう。そこから、脱原発社会への長い道のりの、最初の一歩が始まるかもしれないのである。

(1) 『世界』834号（2012年9月号）164～165頁。
(2) 中嶌・土井前掲書（第1章注6）32頁。
(3) 小浜市中心部から、阿納を経て田烏地区に向かう若狭湾沿岸の道路は、現在は国道162号線となっている。先代の阿納坂トンネルに代わり、新阿納トンネルが2002年に開通した。
(4) 小出・中嶌前掲書（第2章注42）94頁。
(5) 中嶌・土井前掲書34頁。
(6) 小出・中嶌前掲書102頁。
(7) 中嶌・土井前掲書38頁。
(8) 前掲書24頁。この3つの年号は、福島原発事故後、中嶌氏があちこちで講演する際に言及していることだという（小出・中嶌前掲書176頁）。

(9) 小出・中嶌前掲書 107 頁。
(10) 前掲書 70 〜 71 頁、145 〜 146 頁。
(11) 広瀬・明石前掲書（第 2 章注 52）99 頁。
(12) 石橋前掲書（第 2 章注 10）141 〜 144 頁。
(13) 石坂前掲書（プロローグ注 3）248 頁。
(14) 熊本一規『電力改革と脱原発』（緑風出版、2014 年）30 頁。
(15) 小出・中嶌前掲書 68 頁。
(16) 電気事業連合会ウェブサイト（http://www.fepc.or.jp/）の情報ライブラリーから電力用語集を参照。
(17) 2012 年 4 月 17 日『京都新聞』（夕刊）1 面、4 月 18 日『京都新聞』3 面。
(18) 中嶌・土井前掲書 206 頁。
(19) 岩波ブックレット No.912『動かすな、原発。／大飯原発地裁判決からの出発』（小出裕章・海渡雄一・島田広・中嶌哲演・河合弘之著、2014 年）11 頁。
(20) 中嶌・土井前掲書 14 〜 15 頁。
(21) 小出・中嶌前掲書 65 頁、118 頁。
(22) これには反論もある。おおい町の永井學氏は、隣接自治体も経済効果・雇用効果を受けていることを無視して原発反対を言うことは、無責任だと批判する（永井他前掲書（第 1 章注 20）264 〜 265 頁）。
(23) 小出・中嶌前掲書 66 頁。
(24)「発電地域の住民が考えているほど、需用者である首都圏の住民は、自分の使う電気がどこでできているかに関心がない」とは、福島第一原発事故隠し事件（2002 年に発覚）により国や電力会社に不信感を募らせていた福島県知事が、2005 年に国の原子力大綱策定が大詰めを迎える中で独自の国際シンポジウムを開いた時のことを回想しての感想である（佐藤栄佐久『知事抹殺／つくられた福島県汚職事件』平凡社、2009 年、106 頁）。知事はその後、政争の犠牲になり失脚する。
(25) http://www.kouiki-kansai.jp/
(26) 中嶌・土井前掲書 209 〜 210 頁。
(27) 前掲書 44 頁。
(28) 2012 年 11 月 21 日『京都新聞』（滋賀版）25 面。
(29) 大嶽秀夫『日本型ポピュリズム』（中央公論新社、2003 年）iv。
(30) 小出・中嶌前掲書 36 頁。なお、大飯町で原発誘致の実務に従事した永井學氏の場合も、実兄が軍隊で広島に行き被爆している（永井他前掲書 58 頁）。
(31) 中嶌・土井前掲書 45 〜 46 頁。
(32) 報告書の邦訳は、安全なエネルギー供給に関する倫理委員会『ドイツ脱原発倫理委員会報告／社会共同によるエネルギーシフトの

道すじ』（吉田文和・M．シュラーズ編訳、大月書店、2013 年）。なお、脱原発に関心を寄せる日本の研究者の間では同委員会に対する好意的な評価が多かった中で、筆者はやや批判的なスタンスをとっている（本田宏・堀江孝司編『脱原発の比較政治学』（法政大学出版局、2014 年）166 〜 169 頁）。
(33) 小出・中嶌前掲書 162 〜 163 頁。
(34) 前掲書 44 頁。
(35) 前掲書 133 〜 135、163 頁。
(36) 前掲書 157 頁。

第4章　究極の差別構造としての原子力発電

　厳しくおおらかな自然の中で育まれた郷土への愛は、親から子、子から孫へと受け継がれてきたのです。
　1986年、核燃料サイクル施設が六ヶ所村に誘致されてから、この素朴な風土も踏みにじられてしまいました。
　いま、六ヶ所村には、日本全国の原子力発電所から毎月、使用済み核燃料や低レベル廃棄物が運び込まれています。フランスから返還されるガラス固体化の高レベル廃棄物もたまり続けています。都会で使う原子力発電所で作られた電気の最後の姿です。
　なぜこの村が都会の犠牲にならなければいけないのでしょう。
　2006年3月31日、六ヶ所再処理工場が本格試験を始めました。
　少しずつ放射能に蝕まれていく六ヶ所村で、私たちは「核燃に頼らない村づくり」を呼びかけ、ささやかな地場産業として、毎年「チューリップまつり」を開いています。
　なつかしいふるさと、緑豊かな大地と無垢の海、そして未来に続く子どもたちを守るために、どうぞ皆さまのご支援をお願い致します。

1．周辺住民と原発労働者

弱者にしわ寄せされるリスク

　この文章は、青森県六ヶ所村で農業を営みながら核燃反対運動を続ける菊川慶子氏[1]が、活動の一環として作った絵はがきに添えたものである。「都会で使う原子力発電所で作られた電気の最後の姿」というのは、原子力政策の根本矛盾と重層的な差別構造の本質を言い当てている。
　「危険には、いくつかの階層もしくは階級に集中するという不公平が

確かにある。それは富の分配の結果と似ている。しかし危険の分配は本質的に全く別の論理に基づいている。すなわち、近代に伴う危険にあっては遅かれ早かれ、それを創り出すものも、それによって利益をうけるものも危険に曝されるのである」。リスク社会論を確立したベックのあまりにも有名な議論である。確かに、放射線被曝に対して、誰もが安全ではあり得ない。だが、金と権力のある者がリスクをある程度回避できるのに対し、貧者や社会的弱者にはその可能性が低い。リスク配分が、格差社会の論理を超越することはない。原発（および関連施設）が僻地に押しつけられているという事実が、それをまざまざと物語る。

　原発は、しかしながら、問題のすべてではない。政治のひずみがしわ寄せされる地域なら、原発立地以外にもある。沖縄しかり、六ヶ所村しかり。戦後の原点という意味で、広島と長崎の被爆地も含められよう。それぞれの問題の固有の論理と背景を捨象した安易な一般化は慎むべきだが、これらを別々にとらえるのではなく、戦後日本の発展に内在する差別構造と関連づけて統一的に理解する視点はやはり重要である。元被曝労働者との対談の中での、中嶌哲演氏の発言を引証しておこう。

　　差別と犠牲というのはすごく重層的で、入子構造になっているということです。若狭の住民から見れば、総体として、大都市圏の電力需要に応えるために、若狭に15基もの原発を立地させたこと自体が差別なんです。でもその中で今のような被曝労働者に対する問題を考えても、その労働者の中には下請け労働者もいるでしょう。そして先ほどからの労働者と周辺住民との間の問題もあります。さらにそういうことをひっくるめての若狭の地域全体が、青森県の六ヶ所村に対しては核廃棄物搬出ということで加害者の立場に転化してしまうんですね。六ヶ所村は六ヶ所村で、プルトニウムを抽出して軍事的な要素を帯びてくれば、今度は、かつて日本の侵略を受けたアジアの国々に対して脅威を与えていく加害者的な立場に厳然と立たされてしまうという問題があります。自分たちは一方的に被害者だなんて、そんなこと言っておれない。そういうように、空間

第4章 究極の差別構造としての原子力発電

的にも世界規模にまで加害・被害の問題は非常に複雑に絡まっています。その延長上に未来の世代への加害が入ってくると思いますね。⁽³⁾

　以下では、究極の差別構造としての原子力問題について、やや掘り下げた考察を行う。原発の負の側面が弱者に押しつけられる構造は、これまでにも分析されてきた。本章で注目したいのは、むしろ、批判勢力や社会運動のほうである。原子力の問題性や差別構造を鋭く突きながら、その実、体制側の論理を十分に批判し切れず、知らず知らずのうちにそれを内面化してきたことはないだろうか。批判勢力の側の弱点をあえて問うことにより、戦後日本の発展を自省的に検証し、脱原発社会への理論構築の一助としたいのである。

　若狭湾は原発密集地であるゆえに、先行研究やルポルタージュも少なくない。それらを散逸させることなく、今後に活かしていくことが求められる。周辺住民と原発労働者の実態に迫った作品を参照することから始めよう。

　なお、複数の資料からの直接引用が頻出する本章では、表示のしかたが他章とは若干異なる。

あるルポルタージュの衝撃

　原発周辺の住民に放射線障害と思しき難治性の病気が多発しているとしたら。もちろん、行政、電力会社、御用学者たちは、（気づいていても）事実関係を否定してくるだろう。それは「うわさ」にすぎないのだと。だがそのようなうわさがある以上、現地へ足を運んでことの真相を確かめるのは、ジャーナリズムの王道である。そこから、衝撃的なスクープが生まれることもある。

　1994年4月、高速増殖炉「もんじゅ」のある敦賀市白木浜で、約200人の市民たちが抗議行動を繰り広げた。大半は、他地域からやってきた「よそ者」。地元で反対運動をする人は年々減少し、この抗議運動に参加した地元の人はわずか10人ほど。その「10人」のうちのひと

りから、取材に来ていた明石昇二郎氏は次のような話を耳にした。

　　若狭湾に面した福井県の嶺南地方ではここ数年来、甲状腺ガンや白血病にかかる人が非常に目につくんです。また、そういう噂もあちらこちらで聞かれる。実は私が今、勤めている職場でも、この半年の間に上司が３人も甲状腺ガンの手術をしているし、このあたりに住んでいる人ならば誰しも、自分の身内か友人、または近所の知り合いの中に、一人や二人は白血病にかかって死んだ人がいる。さらにはこのあたりは、ダウン症の子供も多いんですよ。でも、こんな重大な話をどこのマスコミも報道しようとはしないんです……

　もし事実なら重大なことだが、どうやって真偽を確かめたらよいのか。せっかくの「情報提供」だが、うかつには乗れない話でもあった。だがこれが、７ヶ月間に及ぶ、精神的苦痛に満ちあふれた調査活動の幕開けだった。[(4)]

　早くも予備調査の段階から、壁にぶつかる。カギを握ると思われる医師を訪ね歩いても、敦賀市内には箝口令でも敷かれたかのように、取材に応じてくれる医療関係者はいない。そして、後に問題になるように、保健所も含め行政機関はデータを出してくれない。八方塞がりに近い中、福井で出会った医師の話に背中を押されるようにして、住民健康調査に踏み切る。

　こうして1994年８月、『週刊プレイボーイ』特別取材班による現地調査が行われた。対象は、敦賀原発半径10キロ圏内の1141戸。全戸訪問して、白血病、悪性リンパ腫、甲状腺ガンに関する聞き取りをする。人海戦術とはいっても、総勢９名。現役ルポライター２名の他は、日本ジャーナリスト専門学校の学生など。「昆虫王国」とよばれるようになる美浜町内の合宿所で自炊生活をしながらの、２週間の調査。経費節減のため、「青春18きっぷ」で普通列車を乗り継ぎ、敦賀にやってきた。

　これだけでも過酷な調査であることがわかる。だが、ほんとうの厳しさは、その内容にある。見ず知らずのよそ者が踏み込んできて、「あな

たの家にはガンで死んだ（死にそうな）人がいますか」と聞いて回るようなもの。患者本人から話を聞くことになり、「この時はさすがに『もう、こんな調査はやりたくない』と泣きながら思った」と調査レポートに書いた班員もいたほどである。公的機関や医療機関ならいざ知らず、民間団体、しかも言わずと知れたサブカルチャー系男性週刊誌の調査である。ただでさえ保守的な土地柄で、然るべきところから強い圧力がかかっているであろう原発立地のこと。地域ぐるみの取材拒否とでもいうべき状況に遭遇し、調査は難航した。

それでも、アンケート回収率は60.03％と悪くない。あらゆる意味で限定的とはいえ、調査結果はいかに。それは、「敦賀湾原発銀座［悪性リンパ腫］多発地帯の恐怖」と題する連載記事として、『週刊プレイボーイ』1994年11月22日号（11月8日発売）から4週にわたって発表された。その記事は、後に書籍として刊行されている。

調査対象区域で発生が確認された患者数は、白血病3名、悪性リンパ腫5名、甲状腺ガン1名、ダウン症2名、膠原病1名である。各項目には「参考情報」が付されているが、ここで言及されているものは患者数にカウントされない。問題は、この数字が何を意味するかである。他の地域のガン発生率と比較しなければ、多いか少ないかの判定は下せない。

過去3年間の調査対象区域内の白血病患者発生率は、全国平均の1.56倍、過去2年間では2.34倍である。上昇傾向にあるように見えるが、母集団が少なくひとりの患者発生だけでも数値が跳ね上がるわけだから、即断はできない。過去24年間では全国平均の0.63倍（県平均の0.58倍）、過去5年間では0.94倍（県平均の0.97倍）の発生率となる。すなわち、白血病に関しては、調査区域内の発生率は全国平均と県平均とをともに下回る、と見るのが順当である。

より深刻なのは、悪性リンパ腫のほうである。死亡者の全国平均との比較では過去10年間分以降のデータにおいて、福井県平均との比較では過去7年間分以降のデータにおいて、コンスタントに調査対象区域内のほうが高い発生率を示す。しかも、驚くほど高い数値もある。過去

5年間分における調査区域と全国平均との比較では2.14倍、過去3年間分における比較では2.28倍となる。調査条件を考え合わせれば、現実に起きている事態はもっと深刻と思われる。

　ところでこの調査結果は、疫学的にどの程度の信憑性があるのだろうか。元・国立公衆衛生院疫学部室長は、「なかなか難しい点があったとは思いますが、よく（調査を）おやりになったと思いますよ。こう言っちゃあ悪いけど、認識を改めました。『週刊プレイボーイ』がねえ……」などと言いつつ、原発との因果関係の立証は困難だろうが、因果関係の推定は可能とする。悪性リンパ腫は高齢者ほど発生率が高くなるが、「年齢調整死亡率」を出して調査地域における年齢の「ひずみ」を消すと、専門家をも論理的に納得させられるデータとなる。

風下地域の悲劇

　この調査の重要な知見のひとつが、次のような事実である。白血病患者は、2名が敦賀半島内、1名が敦賀半島の対岸地域で発生しているのに対し、悪性リンパ腫患者は5名すべてが対岸、それも冬場の風下に当たる地域に集中している。死亡した悪性リンパ腫患者3人は、対岸3集落（推定人口852人）から発生している。これは、過去3年間分の死亡者発生率が全国平均の約12.22倍となる。まさに異常事態である。

　恥ずかしながら、これには私も盲点を突かれた。ここで言われているのは、敦賀市東浦地区と総称される地域である。敦賀湾を挟んで敦賀半島側が西浦、越前側が東浦とよばれる。敦賀原発のお膝元と言えば、まっ先に敦賀半島を考えるのだが、実は湾を挟んだ対岸も至近距離にある。しかも、日本海から北西の季節風が吹き付ける冬には、東浦地区はまさに原発の風下となる。

　敦賀周辺が鉄道輸送の難所ならば、道路交通でも事情は同じ。東浦海岸に点在する集落をつないで走る国道8号線。高速道路が開通する前は、急カーブ・急勾配の連続するこの道こそが、北陸と近畿を結ぶ唯一の幹線道路だった。西浦と同様、東浦も半農半漁の貧しい地域。街道沿いだったことが、陸の孤島に道路をという悲願と引き換えに原発を受け入れた

西浦との違いといえようか。東浦は、原発立地のメリットを実感しにくい地域だった。それなのに、敦賀原発の運転開始から20年あまりを経て、このような被害（因果関係の立証は困難だが）が及んでいるとは。

『週刊プレイボーイ』特別取材班は、東浦地区でも聞き取りを行っている。書籍化されたものには、班員の手記も収録されている。少し長いが、直接引用させて頂こう。

　この日の一番最後に、「ダウン症の女の子」の家に行った。この日の聞き込みから、名前まで分かっていた。それまでにも何度か呼び鈴は押したのだが、留守であった。その度にホッとした。最後まで残ったというよりも、残した——というのが正確かもしれない。

　ハツラツとした中年の女性が応対に出た。正座して、こちらの質問にハキハキと答えてくれる。私は土間にしゃがみ込んで話を聞いた。

　玄関に入った瞬間、女の子の写真が目に入る。この子が……と思うと、実にやりきれない気持ちになった。

　もうここでは、ダウン症以外に聞くべきものはなかろう。しかし、一直線にはどうしても聞けない。まずは一連の調査項目と、私が考えた原発に関する質問をした。

　聞きたくなかった。しかし、聞かないわけにはいかない。とうとう他に質問が尽きた。

「あの……、ダウン症についてなにかお聞きになったことはございますか」

　私は帳面に視線を落としたまま聞いた。自分の言葉が白々しく響いた。

「うちの子がダウン症です」

　彼女はまったく変わらぬ口調で、むしろ力強く即答した。

　やはり玄関の写真の女の子だった。ダウン症のほか、先天的な心臓病まで患っていたという。

　8歳の冬、通っていた福祉施設で防火訓練があった。火を焚いた

本格的なものだった。女の子はこれをひどく怖がり、怯えて２日続けておねしょをしてしまった。朝になっても起きられず、昼になって起こしてストーブの近くにやると、「怖い、怖い」と泣いた。
　「この時、脳の血管が切れたのだと思う」
　女の子はその後、鼾をかいて寝てしまった。眠いからだと思っていたが、翌日もそのままだった。医者に連れてゆくと、脱水症状を起こしてしまっている、という。即入院となった。しかし女の子は手当の甲斐なく、呼吸停止のために脳死に陥り、５日後に亡くなった。火葬場の人は母親の彼女に、
　「この子は脳の血管が切れている」
　と言ったという。だが医者は、脳の血管が切れていたことを決して認めようとしなかった。
　この周辺には、彼女が知っているだけでも３人のダウン症患者がいるそうだ。私は、その人たちの名前と場所を訪ねた。すると彼女は言った。
　「あなたを信用していないというわけじゃないんです。私はこれまでその家族の人たちと、ダウン症の子供のことについて包み隠さず話をしてきました。だから、今日あなたが来たことも言うてしまうと思うんです。だから……名前を教えることはできません。」
　娘が生まれた時、医者は彼女に「神様が授けてくれたのだから……」と言ったという。
　「その言葉を信じて育ててきたけど、８歳で亡くなるとは……。親が至らなかったから、神様が取り戻したんかなあ……」
　私は土間にしゃがみ込んだまま、涙を流しながら話を聞いていた。私が鼻をすすっているのを見た彼女は、
　「風邪、ひきはったん？」
　と冗談を言う。返す言葉が見つからなかった。[10]

事実を認めたがらない行政

　予想されたことだが、連載が始まると、行政や電力会社から激しい抗

議が寄せられた。

　特筆に値するのが、福井県当局からのリアクションだった。11月11日の記者会見の席上、栗田幸雄知事（当時）は、「原発があるのを悪用された感じ。本県のイメージダウンも甚だしく、怒り心頭に発するくらいの不快感を持っている」とし、「（連載）２回目以降の内容によっては強硬な手段に訴えることも考える」と話した。同日午後には、知事の命を受けた県職員が上京し、発行元の集英社本部を訪れて抗議文を手渡している。地元テレビ局のカメラクルーまで引き連れて。調査段階では全く非協力的だった一方での、マスコミ受けを狙ったパフォーマンスだった。

　マスコミ報道の中には、記者会見での知事発言を鵜呑みにしたと思しき、事実誤認もあった。『週刊プレイボーイ』の記事が問題視したのは「悪性リンパ腫」で、知事が言うように「嶺南地方で白血病が多発」と断定した記述はどこにもなかったのである。その後、日本原電や関西電力からも抗議文が届く。両電力会社は、調査結果（掲載誌発売の２週間前に編集者向け内部資料を好意で提供していた）にノーコメントだったが、連載開始後に（当該の調査結果はまだ未掲載の段階で）フライングの抗議をしてきた。他にも、いくつかの官庁や会社・事業団にも事前にコメントを求めたが、不誠実な対応だったという。

　「科学的根拠もない記事」という福井県知事のコメントに、科学的根拠らしきものがないわけではない。悪性リンパ腫発生率に関するこの種の調査では年齢補正が必須だが、それがなされていないからだ。だが、年齢補正ができなかったのは、地元行政や保健所から協力が得られず、調査区域内の人口（集落単位）はもとより、年齢階級別人口（年齢別の人口構成）や家族構成など、疫学調査で必要となる情報が入手できなかったからである。

　年齢補正のための情報があれば、疫学的データとして遜色ないものになり得たのであり、連載開始後の混乱の多くは回避できたかもしれない。いや、そうであるからこそ、行政側は情報開示を渋ったのだろうか。役所の事なかれ主義、隠蔽体質、そして何よりも、住民の健康よりも電力

第４章　究極の差別構造としての原子力発電

107

会社のほうに目が向いた対応が見て取れる。
　明石氏は、4回にわたる連載の最終回に、次のように書いた。

　　苦行と化した調査活動の最中、敦賀半島対岸地域のある家で、中年の女性がこう言って取材を拒否したことがあった。
　「こういうことは『きちんとした所』がやる調査でないと。週刊誌の人にはちょっと話せない」
　　解説するまでもなく、彼女の言う「きちんとした所」とは、敦賀市なり福井県なり国なりの「行政」のことである。特に、われわれに反論・抗議をしてきた福井県庁の皆さんには、自らの「主張」を裏づけるためにも、ぜひとも嶺南地方における疫学調査を実施していただきたい。なぜかというと、当（『週刊プレイボーイ』）編集部には連載開始直後から、嶺南地方のお住まいの福井県民の方々からの「私の周辺でも悪性リンパ腫が多い」という情報や、果ては嶺南地方の医療関係者の「これは以前からあった話なんです」という情報などが、続々と寄せられてきているからである。つまり、我々がこんなレポートを発表する以前から、この地域では「健康不安」を感じている人々が多く存在していたのである。[14]

被曝労働の実態

　周辺住民以上に深刻な健康被害を被っていると考えられるのが、原発施設内で働く従業員である。職務だから、給料をもらっているのだから仕方ない、とはもはや言えない。一般にはほとんど知られることのない被曝労働の現場はあまりにも非人間的であり、危険度の高い作業は、下請け、孫請け（あるいはそれ以上）といった立場の弱い労働者に押しつけられる。原発は、コンピュータ制御により無人で動くものではないのである。
　1970年代に福島原発などを取材した鎌田慧氏は、次のように言う。「放射線被曝はすでに前提である。対策は人海戦術によって、それを平均化するだけである。被曝する人間は、放射線の恐ろしさに無知のまま狩り

集められてきた『人夫』である。そして実態はけっして平均化されていない」。
(15)

下請け労働者が使い捨てされる実態や被曝線量をごまかす手法が常態化している例として、原水爆禁止日本国民会議（原水禁）発行の『原発黒書』に掲載された報告を引く。

> Aさんが大阪の愛隣地区（釜ヶ崎）で食事をしていると、手配師が寄ってきて、「明日から３日間８本（8000円）の仕事があるんだがどうか」と誘われた。仕事も満足にない近ごろ、８本と聞いて飛びつかぬ法はない。Aさんは早速、その話に乗ることにした。手配師はそこで、Aさんをつれだし、黒ぬりの乗用車に乗せ、数時間後、敦賀につれてこられ、仕事が原発での作業であることを知らされた。Aさんは、原発での作業が非常に危険なことを聞いていたので、やりたくないと言ったが、手配師は「ここまでタクシーできたらいくらかかると思う。いやなら帰ってもいいが、帰りの交通費もやらんし、自動車代もよこせ」とすごみ、仕方なくAさんは原発での作業をひき受けた。
>
> 一日が終わって発電所を出る時、Aさんは「明日からこないで良い」といいわたされたのである。３日間の仕事の予定が、被曝線量のため１日でだめになってしまったわけである。外には手配師が待っていたので、「約束が違う」というと、彼は「それなら別の口があるから黙ってついてこい」というのでついていくと、翌日は美浜の発電所で働くことになったのである。こうして、Aさんは敦賀、美浜、高浜と３カ所の原発で働くことになった。もちろん、各原発ともそれぞれ異なる名前である。Aさんが帰りに受け取った日当は、約束の８本よりも少ない５本であったとのことである。差額は手配師がピンハネしたらしい。
(16)

1978年から79年にかけ、美浜、福島第一、敦賀で実際に原発労働者として働いたのが、堀江邦夫氏である。その見聞は、『原発ジプシー』（現

第４章　究極の差別構造としての原子力発電

109

代書館／講談社）や、東日本大震災後に改稿して出版された『原発労働記』（講談社、2011年）で読むことができる。

　写真家の樋口健二氏は、原発内部で働き被曝した労働者を追跡取材した。闇から闇に葬られようとする被曝者に会い、証言を得、カメラにおさめ社会に訴えようとしたのである。原発被曝裁判の原告に寄り添い、政府、電力会社、裁判官らの強権的で不当な対応を目の当たりにしたことも。そんな彼が、1977年、定期検査中の敦賀原発の内部をはじめて撮影した。もちろん、厳しい制約条件と監視付きで。以下は、その時の手記の一部である。

　　　炉心部への入域は断られてしまったが、入口で労働者の姿を観察していると、中に一人、ガーゼマスクだけの労働者がいる。あれでは放射能を体内に吸入してしまうではないか。……口先だけの安全管理がちょっとしたところでボロを出す。
　　　いずれにせよ、密閉された異様な世界は現代の監獄職場とでも表現した方が的確であろう。労働者達は毎日、放射能が充満する職場で働かざるを得ないのである。「生活があるけんしかたなか！」と語った多くの被曝者や、「こんな不況では、会社の言うことを聞くしかないんですよ」と顔を曇らせ、原発内部に吸い込まれていった19歳の青年の言葉が、今も私の耳から離れない。そしてほとんどの原発労働者は、自らの労働を誇りをもって語ることはなかった。
　　　現代科学の粋を集めたとされる「原発」が、決して夢のある労働によって稼働しているのではない。電気がないから、無資源国だから「原発」がと人は言う。しかし、そういう人も原発内に入ってみたら、本当に「原発」が必要なのかと思うはずである。[17]

原発労組結成と私たち

　敦賀原発は1981年に放射能漏れ事故を起こし、処理に当たった下請け労働者の被曝が明るみに出た（事故はなくとも作業員の被曝は日常的に起こっている）。この事故をきっかけに、斉藤征二氏は、被曝労働の

末に(原発の稼働が止まって)何の保証もないまま仕事を失う者のために組合を設立した。『社会・労働運動大年表』の労働運動欄には、同年7月1日付けで、「敦賀原発の下請作業員、全日本運輸一般労組原子力発電所分会を結成(183人)。原発下請労働者の初の組合」という記載がある。参加を呼び掛けるチラシの中で、分会長となった斉藤氏は次のように訴えた。

> 原発で働く仲間の皆さん、福井県民の皆さん、私たちはこのほど労働組合を結成いたしました。今まで私たちは、下請、マゴ請、そのまた下請といった、およそ時代の先端をいく職場にふさわしくない前近代的な状況の中で、労働者同士がバラバラで希望も権利もなし、あるのは被曝の危険と雇用不安だけというひどい実態です。私たちの場合は職場や企業が違っても、あなた一人だけでも加入できる個人加盟の組合です。あなたも運輸一般原電分会に加入して、労働者として希望と誇りの持てる生活とガラス張りの原発を築くために共に力をつくしてみませんか。心から歓迎します。

今日ではさすがにここまで酷くないのでは、と筆者も思いたい。実態はどうだろうか。福島原発事故を経て、人海戦術の被曝労働で後片付けせねばならぬ事態が生じている。事故発生直後から2012年6月までの報道を集大成した『原発報道／東京新聞はこう伝えた』(東京新聞、2012年)には、(断片的かもしれないが)現場労働者への聞き取りを綴った「ふくしま作業員日誌」が収録される。原発労働の問題は、2011年8月の日本弁護士連合会(日弁連)のシンポジウムでも報告されている。この間、日本の格差社会化は急速に進んだ。収入が不安定な人ほど福島へ行く確率が高いこと、その労務管理が実に杜撰であることなどを示唆する記述は、雨宮処凛氏のメールマガジンにもある。2012年11月9日には、東京都内で「被ばく労働を考えるネットワーク」の結成集会が開かれ、斉藤氏が基調報告を行った。

斉藤氏は、2014年10月、敦賀市内の自宅で取材を受けた。訪れたのは、

シンガーソングライターでエッセイストの寺尾紗穂氏。原発問題との出会いはふとしたことだったが、樋口健二氏の先駆的な仕事を微力ながら引き継げないかと考え、全国の（元）原発労働者を訪ね歩いて証言集をまとめた。そこから見えてきたのは、立場の弱い原発労働者の問題だけではなかった。寺尾氏は言う。

> （原発内部の労働実態は）今だっておそらくそうなんだろう――私たちはそう思い込んで原発批判をつづけることもできる。けれど、そうやって90年代やゼロ年代の原発の実態を曖昧に捉えることは、80年代の一連の原発批判本が出版されて以降も、この社会が無知でいつづけた、30年間という時代の変化をも適当に捉えることにはならないか。[23]

ここには、原発推進側の隠蔽体質のみならず、反原発運動に携わる人も含め、社会が重大な問題から目をそむけてきたことへの反省が色濃く滲み、身につまされる思いがする。

2．社会運動への問い直し

住民運動から反原発運動へ

　もちろんこうした差別構造は、戦後日本政治のひずみの産物であり、その根本原因を問うことなしに問題解決はあり得ない。それは当然の前提とした上で、本書は、原子力に批判的な社会運動の側に注目する。

　日本初の商業用原子炉の立地として、通産省が茨城県東海村を選出した際、メディアで報道されるほどの反対運動はなかった。原子炉が「平和利用」のイデオロギーに合致するという条件付きで、東海村の人々は積極的な協力姿勢を見せた。だが、1969年の後半に入ると、地元漁民が施設拡大に反対する一連のデモ行進を開始した。1970年11月には原水爆禁止日本国民会議（原水禁）が、この地域の支部から100人ほどのデモ参加者を動員し、立地地点に集結させた。

地域社会や集団からの反対はいくつかあったが、1950年代末から70年代初頭にかけて、住民の大半は原発が近くにあることに中立的な立場をとっていた。この事情は、若狭湾でも似たようなものだった。初期の反原発運動は、ごく限定された当事者だけのものだった。日本の場合、影響を受ける漁民（ないしは漁協）が中心であり、彼らは漁業権補償を受け取ると態度を軟化させる傾向が見られた。

反原発運動の起源をめぐっては、別の解釈もあるだろう。商業用原子力計画が始まる前の1954年3月、マグロ漁船第5福竜丸の乗組員が、ビキニ環礁で行われたアメリカの水爆実験により死の灰を浴び、うち1名が死亡した。この事件は、最初の反核組織の結成につながった。原水爆禁止署名運動全国協議会が集めた署名は、1955年8月4日現在で3040万4980名に達した。第1回原水爆禁止世界大会は、5月の「原水爆禁止世界大会日本準備会」発足を経て、8月6日に広島で開催される。日本の原水禁運動は思想、信条、政党、宗派を超えた運動として広がり、女性の参加も多かった。だが、活動家や学生の中には、これをレベルの低い運動ととらえる向きもあった。

1965年には、原水爆禁止日本協議会（原水協）の一部が分離し、原水禁を新たに結成した。原水禁は、日本各地の反原発運動をとりまとめるために原子力資料情報室の設立にも携わった。日本社会党は、1972年1月の党大会で、反原発闘争を党の運動方針に正式に採用する。原水爆禁止運動が政党系列化のために停滞する中、社会党と日本労働組合総評議会（総評）は、反公害と原水爆禁止という既存の運動課題の延長線上に位置づけることが可能な原子力問題に、大衆運動の新たな可能性を見出したのである。

反原発運動の出発点をどこに見るかという相違は、原子力エネルギーと核兵器とを不可分のものと見るか、両者をいちおう切り離し、反核運動と反原発運動がそれぞれ別の目的を持つ運動と考えるか、ということとも関連する。こうした対立は、冷戦下の政治状況が招いた不幸でもある。いずれにせよ、当初は局地的な運動にすぎなかった反原発運動が全国規模で組織化され、著しく政治的傾向を帯びるのは、1970年代以降

のことである。

新しい社会運動と政治的機会構造

　こうした変化は、いわゆる新しい社会運動の参入によるところが大きい。

　新しい社会運動は、1960年代後半から70年代初頭にかけて西欧社会で高揚した大衆運動だが、そこにはエコロジー・環境保護運動、女性解放（フェミニズム）運動、反戦・平和運動、その他、既成政治が取り合わなかった新しいテーマや少数派の権利擁護運動などが含まれる。実際の政治過程において政治的左派がこのような政策要求に親和性を示すことが多いとしても、新しい社会運動が左派と結びつく思想的蓋然性はない。「経済的効率か社会的公正か」、「自由な市場活動か福祉国家的規制か」といった伝統的な「右と左」の対立軸とは別の概念を用いての説明が必要とされる。従来型の社会運動（労働運動など）が物質的豊かさの前提となる経済成長や身体的安全といった政策を選好するのに対し、新しい社会運動は、生活の質や倫理・道徳や自己実現といった価値、やや専門的な用語では脱物質主義を志向する。

　新しい社会運動の担い手には、都市部を中心とする若年・高学歴の新中間層（学生も含む）が多い。大規模組織（労働組合など）を通じた動員ではなく、自らが合理的に考えた上での運動参加（認知動員）が中心になる。こうした運動と労働運動との関係は、はなはだ微妙である。特に、自民党一強体制の下で労働運動が相対的に弱体で、原爆の記憶も生々しい日本では、両者の共同戦線も珍しくない。労働組合が反原発運動で重要な役割を担うこともある。しかし、原発が雇用機会と経済発展の源泉と見なされる場合、労働組合は反原発の立場をとりづらくなる。

　政治学や社会学の研究者は、新しい社会運動の諸特徴、時代背景、生成・発展過程などについて分析する理論枠組みを開発してきた。近年では、政治的機会構造論の展開が注目される。政治的機会とは、成功や失敗に関する人々の期待に影響を及ぼすことによって集合行為への誘因を与えるような、政治的環境の一貫した（しかし必ずしも公式的、恒常的

なものではない）さまざまな次元のことである。制度的なアクセスが開放され、エリート間の亀裂が表れ、同盟者を得られるようになり、国家の抑圧能力が低下する時に、政治制度への挑戦者は自らの要求を推し進める機会を発見する。

　この概念が、反原発運動の成否に関し、一定の説明能力を持つのは確かである。（西）ドイツの反原発運動が、連邦制構造、選挙制度や政治文化などの点で有利な条件を活かして良好なパフォーマンスを示し得た（147～148頁）のも、この文脈で理解すべきである。

土着性の問題

　こうした研究上の進展は歓迎すべきことだが、一抹の不安がないわけではない。理論的精緻化と引き換えに何か大切なもの、現地の反原発運動の土着性とでもいうべきものが見失われはしないか。運動の成功（ないしは失敗）要因を概念化する政治的機会構造論は、暗黙のうちに、運動参加者の合理的行動選択を前提としている。何かしらの成果への期待が高まれば人は運動に参加し、そうでなければ退出していく。反原発運動とは、そのようなドライなものだろうか。とりわけ生来の土地と離れられない地元の運動家は、これとは違ったメンタリティを持っているのではなかろうか。

　これは、社会運動研究の反省点であるとともに、原発立地とそうでない地域との意識の違いを超え、連帯感のある運動を作り上げることの難しさを示唆する。

　もともとは局地的な運動だった反原発運動に、新たな担い手が参入して性格が変わるというのは、日本に限った話ではない。例えば、ドイツのエコロジー運動は伝統的に保守派の運動だったが、ヴィール反原発闘争の成功（1975年）は新左翼（共産主義系グループも含む）が参入するきっかけとなった。ここでの経験は各地の反原発闘争に波及し、それを基盤に緑の党の前身組織の議員が誕生する例も見られた。

　運動の担い手の拡張や全国規模での組織化・系列化は、運動の成功条件を高める反面、新旧の参加者間に対立を招き、場合によっては運動の

急進化によりかえって支持を失うなどのデメリットも考えられる。地元住民は、観念的で時としてラディカルな活動家の言動に違和感を覚え、逆に外部からの参入者には、地元住民の主張が保守的ないしは後進的にさえ映る。土着性に乏しい都市部の反原発運動は、形勢が悪くなると運動から離れていき、あるいは加齢やライフステージの変化とともに体制迎合的になる。逆に、都市部の活動家には、地元住民が何らかの事情（補償金、地域社会の目や公然・隠然たる圧力など）でスタンスを変えることが、重大な裏切り行為に思えるかもしれない。後に残るのは、地域を超えた連帯や相互理解とはおよそ対極にあるものである。

　非難がましいことを言うつもりはない。ただ、一般に都市部の運動体や全国組織のほうが情報発信力の点で勝るとすれば、地元の声が等閑視されがちなことに注意を喚起したいのである。政治学研究においても都市部中心のステレオタイプに陥る危険と隣り合わせであることに、警戒すべきである。相互の無理解から運動内部に亀裂が生じることは、極力回避したい。

NIMBYという批判点

　例えば、ゴミ焼却場のことを考えてみよう。廃棄物の搬入や焼却に伴う環境汚染や風評被害があるため、歓迎されざる迷惑施設である。それゆえ、建設計画が明るみに出るや、予定地の住民は猛烈な反対運動を起こすだろう。しかし彼らの多くは、ゴミ焼却場そのものに反対しているのではない。大量生産・大量消費型のライフスタイルを続ける以上、大量の廃棄物が出る。それを処理する施設は、どこかに造らねばならないからである。

　このように、市民社会の福祉を向上させるが、その負担を受入地域に住む個々人に負わせるような施設は、「負の公共財」といわれる[29]。そこには、一部の人の犠牲が社会全体の（おそらく小さな）利益を生む、という一般的特性がある。

　迷惑施設といっても、効用と犠牲の配分パターンはさまざまである。地方空港は、滑走路近くの住民には多大な騒音被害をもたらすものの、

基本的には利便施設として地域の発展に寄与する。これに対し、沖縄の米軍基地の場合、日米安保体制の下で日本の平和を守るという恩恵（ここではいちおうそう考える）を享受するのは「本土」の人々であり、基地負担を押しつけられる沖縄にメリットはない。基地がもたらす経済効果はあるかもしれないが、犠牲のほうがはるかに大きいのである。

いずれにせよ、迷惑施設への反対は、「自分の家の裏庭に造られることには反対(Not In My Back Yard)」という表現形態をとることが多い。そのため、ＮＩＭＢＹ型の住民運動と言われることがある。こうした住民感情は真っ当なものだが、裏を返せば、他地域に迷惑施設を建設することは差し支えない（むしろそれを望む）という含みがある。大量生産・大量消費型社会そのものを批判するゆえにゴミ焼却場に反対する人、航空輸送を拡大させないために地方空港建設に反対する人、日米安保体制に依らない安全保障ビジョンを持った上で米軍基地に反対する人は、むしろ少数派なのである。

原発を他の迷惑施設と同列に論じることに異論はあるかもしれないが、概念上、原発も「負の公共財」である。しかも、受苦圏（立地地元）と受益圏（消費地元）とが明確に分かれるのが特徴である。電源三法交付金が「迷惑料」の性格を帯びていることは、上述のとおりである。重大事故をきっかけに、当初の予想を超えて受苦圏が拡大したとしても、受苦圏と受益圏との地理的・心理的分断が消失することは、見通し可能な将来にはありそうにない。

反原発運動が、ＮＩＭＢＹ運動としての一側面を持つことは、否定できない。そこに、原発推進側が付け入る隙がある。日本では、原発への不安から反対の意思を表明する住民運動に、しばしば「地域エゴ」のレッテルが貼られる。後述する新潟県巻町での住民投票に際しても、一部マスコミにはそのような立場からの批判的コメントが現れた。[30] 数の上で優勢な大都市住民が地方に負担を押しつけるほうが「地域エゴ」であるにもかかわらず。むしろ問われねばならないのは、こうした力関係の非対称性である。

最大の問題は以下の点にある。誰もが負担を引き受けたがらないとす

れば、結果的にそれが立地するのは最も立場の弱い地域になる。だからこそ、原発（関連施設を含む）は財政基盤の弱い過疎の自治体に造られるのであり、米軍基地は沖縄に集中する。違っているのは、原発の場合には受苦圏となることを前提に潤沢な交付金が用意されているのに対し、米軍基地の場合には、日米安保体制の代償が不均等に沖縄に押しつけられることを当然視する風潮が、「本土」の人々の間にあることである。

繰り返しになるが、建設予定地の異議申し立ては地域エゴではないし、批判されるべきは、立場の弱い者に負担を強いる原子力行政そのものである。だからこそ、誰が負担を引き受けるべきかといった議論に絡め取られるのではなく、原発そのものを問い直すべきとの主張には一理ある。現実には、推進側は矢継ぎ早に攻勢をかけてくるし、立地地元と消費地元の連帯を作り上げることも容易でない。

現地の反原発運動は苦渋の選択を迫られる。差別は重層的な構造をとり、若狭の原発から出た使用済み核燃料が六ヶ所村に運ばれ、六ヶ所村の再処理工場で作られたプルトニウムが兵器として使われるなら、新たな戦争犠牲者（被ばく者）を生み出してしまうかもしれない。複雑に入り組んだ差別構造を打破するのは困難だが、他者の痛みに心寄せる想像力は持ち続けたい。それなしに、ＮＩＭＢＹ運動の狭隘さを克服するのは不可能である。

3．原子力と現代民主主義

もうひとつの「55年体制」

草の根市民運動に、ＮＩＭＢＹを超えた創造的意味を見出すこと。福島原発事故を経験した私たちにとり、荒唐無稽な発想ではない。経済成長、東京一極集中思考、資源・エネルギー多消費型社会、自分は何もしなくても政府と大企業は情報を公開し安全を守ってくれるとの思い込み。私たちが知らず知らずのうちに内面化してきた暗黙の前提が崩れ去った時、人々は考え、行動し、声を上げ始めた。脱原発社会の構築は、私たちの思考様式の自省的問い直しを伴うものである。

第4章 究極の差別構造としての原子力発電

　長らく日本政治を特徴づけてきた「55年体制」。1955年の政界再編成により、自由民主党（自民党）と社会党を二大勢力とする政党配置が出現した。自民党の一党優位の下で、実際には政権交代が起こりそうにない擬似的二大政党制は、「1と2分の1政党制」といわれた。力関係が非対称的でも、明確な保革の対立軸が存在する。さまざまな争点があるが、戦後日本の政治的対立は、「改憲」対「護憲平和」に収斂することが多かった。時代の進行とともに、自社両党とも求心力を低下させて多党化が進み、保革の対立軸も次第に不鮮明になる。遅くとも1993年までには、55年体制は終焉したとされる。

　戦後レジームの形成とほぼ並行するかたちで原子力推進体制が確立し、政界やマスコミもそれを容認していく（19頁）。こうした中で、「原爆反対、原発歓迎」という超党派の合意が生まれた。これは、私たちの思考様式を強く規定する、もうひとつの55年体制と言うべきものである。[31]

　言葉の本来の意味の55年体制が終焉した後にも、原子力をめぐる戦後和解は残り、冷戦イデオロギーを超えて核のない未来を示すべき被爆国の平和運動に重荷を背負わせた。福島原発事故を経て、軍事技術としての核と原子力エネルギーの不可分性に気づく人も出てきた。だが、原発を肯定しながら核兵器廃絶を訴えてきた平和運動の弱点が克服されない限り、私たちはもうひとつの55年体制を超えて、新たな次元に進むことはできない。

原子力平和利用の虚構

　被爆国の平和運動が、核兵器と原子力エネルギーの不可分性を隠蔽する言説の虚構性を見抜けず、結果として「アトムズ・フォー・ピース」のレトリックを受容したのは、なぜだろうか。日米指導層のプロパガンダはもちろんある。だがそれだけでは、「被爆国だからこそ、原爆反対、原発歓迎」というロジックを理解できない。そこには、日本の革新思想に内在する「弱さ」のようなものがある気がしてならない。

　1950年代に、共産党系の民主主義科学者協会（民科）の科学技術論

をリードした原子力物理学者・武谷三男氏の足跡が、ひとつの参考となろう。米ソの核実験を背景に、原水爆反対の声が高まる。朝鮮戦争が始まると、それまでは社会主義の核兵器を讃えていた日本共産党は、「われわれは、戦争によって最も悲惨な経験をなめた国民であり、原子爆弾の犠牲になった唯ひとつの民族である」との文言を含む声明を出す。注目すべきは、反米愛国の民族解放闘争の脈絡で「唯一の被爆国民」が措定されていることである。核兵器の犠牲者としての視点が、「アメリカ帝国主義に対する日本民族の解放」という共産党の主張と結びつき、「被爆国だからこそ」の論理の下敷きとなる。

　自ら提唱した「自主・民主・公開」の原子力研究3原則（181頁）が形骸化されかねない事態の進展の中で、「原子力の平和利用」の推進者だった武谷氏は、徐々に自説を変えていく。1975年には、高木仁三郎氏とともに原子力資料情報室を立ち上げ、翌76年には岩波新書で『原子力発電』を出し、広く原発に警告を発する。武谷氏は、「原子力の平和利用」の論拠喪失過程を、戦後10年あまりで体験し、駆け抜け、「卒業」していった。⁽³²⁾共産党が明確に脱原発の立場を打ち出すのは、福島原発事故後のことである。

　戦後日本の革新政党が、反核・平和運動に及ぼした影響は大きい。1960年代初頭、共産党は、アメリカ帝国主義に対抗するためにソビエト連邦の核実験を容認する姿勢を示すと、「あらゆる国」の核実験に反対する社会党との対立が顕在化した。両党の対立は、部分的核実験禁止条約への態度をめぐり決定的なものとなり、1963年以来、原水禁（社会党、総評系）と原水協（共産党系）は別々に世界大会を開催している。

　「いかなる国」の核兵器にも反対する原水禁は、原水協と比べると、商業用の原子力発電所を対象とした反対運動をより活発に行った。⁽³³⁾原水爆禁止運動の分裂は憂慮すべき事態だが、ここではその点に深入りしない。そもそも、反原発運動と反核・平和運動が別々に追求されたところに、重大な問題があった。

　批判理論としてのマルクス主義は、革新政党の思想的基盤であるばかりでなく、戦後日本の言説状況に一定の影響力を有していた。マルクス

主義の学説では、経済的生産諸力の発展の先に、資本主義から社会主義への移行が見通される。そうした進歩主義史観は、最先端の科学技術である原子力そのものには肯定的（楽観的）な立場をとりがちである。核兵器の恐ろしさを目の当たりにしながらも、核エネルギーを正しく使うことで人類の福祉を増進するという発想には、保守主義以上に親和的である。

　一般に革新政党は、組織労働者を支持基盤に持ち、経済成長政策を志向する。物質的豊かさや社会進歩を標榜して原子力の高揚を喧伝するエリートの言説に対し、十分な免疫力を有していたとは言えない。その後の状況変化の中で、反原発運動や環境保護運動との共闘が追求されるようになる。しかし社会党は、1994年、自民党および新党さきがけと連立した村山富市政権時代に、安保条約や原発に関する従来の立場を大きく転換する。社民党と改称した後の凋落は甚だしい。

　こうしてみると、反原発運動は、反核・平和運動や革新政党といった強力な援軍を得たように見えながら、その実、孤軍奮闘を強いられたと言うべきである。1990年代以降の政界再編成を通じて二大政党制化が進展し、戦後日本の保革対立軸に反原発運動の論理を接合する戦略が有効性を喪失した。福島原発事故後の脱原発世論の盛り上がりが、政党政治のフォーマット上で具体的な政治的原動力に変換されなかったのは、そのためである。

フクシマ以後の変化と熟議民主主義

　福島原発事故後の脱原発世論の高揚は、日本政治史上、特筆すべきことである。

　柄谷行人氏は言う。デモで社会は変わる。デモをすることで、「人がデモをする社会」に変わるから。(34)お上が決めたことに口出しせず、従順に従うことを是とする風潮の強い社会。だが、不安なこと、おかしいと思うことがあれば、広場に集まり声を上げることは、デモクラシーの起源以来人々が行使してきた、よりよき市民社会のための基本的権利である。丸山重威氏は、原発問題は、民意の表現に今ひとつ消極的だった国

民を立ち上がらせるのに一役買ったのではないかと問う。[35]

　以前の集会やデモでは、（環境保護運動や反核・平和運動も含めて）大規模組織や政党の動員力に頼ることが多かった。近年では、インターネットやツイッターなどで結びついた個人がアドホックに運動に参加する。イラク戦争（2003年）に対する抗議行動以来顕著になったこうした参加形態は、1960年代末から70年代初頭の新しい社会運動と部分的な共通性を有しながら、冷戦後の国際秩序や経済グローバル化の下で生起している。組織的動員が必ずしも悪いわけではないが、新しいスタイルの運動は注目に値する。

　2012年8月には、政府が関与するものとしてははじめて、熟議民主主義の一形態である討議型世論調査が行われた。討議型世論調査とは、無作為抽出により選ばれた市民が集中討論を行い、その前後で意見がどのように変化するかを調べる手法である。専門家は討論に加わらず、質問への回答やコメントにより参加者をサポートする。

　今回、285人の参加者に、2030年の電力に占める原発割合について3つのシナリオ（0％、15％、20〜25％）を提示した。討論の後、「0％シナリオ」を支持する人は32.6％から46.7％に増えたが、「15％シナリオ」は16.8％から15.4％へ減少し、「20〜25％シナリオ」は13％で不変だった。[36]

　熟議を経た上で脱原発支持が高まっていることの意味は大きい。

　熟議民主主義の制度化や代議制との関係をめぐっては、さまざまな意見がある。現代デモクラシー論の新展開であり、内外各地の実施例が報告される。討議型世論調査の特徴のひとつは、参加者の合意を求めないことである。[37]政治的意思決定よりも、学習過程が重視されていると言えよう。数日間のミニ・パブリックスでの議論を経験した参加者は、日常生活に復した後にも、政治的有効性感覚が高まり公的問題への関与が積極的になる傾向が、追跡調査により明らかにされている。[38]

国民投票をどう考えるか

　熟議民主主義は、重要な公的決定を既成政治任せにせず、市民の声を

反映させる試みである。ある意味で、そうした討議の対象をすべての有権者に拡張し、(本来の趣旨からすれば)法的拘束力ある意思決定手続きとしたのが、国民投票ないしは住民投票である。諸外国では、ナポレオンの時代から今日まで1100を超す国民投票があるのに、日本ではそのような例はない。学者も政治家もメディアもその「異状さ」を指摘してこなかったが、福島原発事故を機に人々の意識が変わりつつある。今井一氏は、「原発」をテーマに国民投票の実施をよびかける。

原発に関する国民投票は、オーストリア(1978年)、スウェーデン(1980年)、スイス(1957年から2003年までに6回)、イタリア(1987年、2011年)、リトアニア(2008年)で実施例がある。このうちスウェーデンの国民投票(法的拘束力のない「諮問型」として実施)では、3つの案が提示され、第2案(条件付き原発容認)が39.1%、第3案(原発反対・廃止)が38.6%、第1案(原発容認・現状維持)が18.9%の支持を集めた。この結果を受け、政府は、操業中の12基の原発を2010年までに全廃すると決めた。しかし、当初の計画は難航し、近年のスウェーデンでは脱「脱原発」の声さえ聞かれる。

イタリアでは、憲法の規定に基づき、50万人以上の有権者または5つの州議会が要求する時、既存の法律の全部または一部の廃止を決定するために、国民投票が実施される。同国の原発(稼働可能なものが3基、建設・計画段階のものが4基)は、チェルノブイリ原発事故を受けて停止していた。1987年11月の国民投票で、脱原発の意思が示される。だが、2001年の選挙で政権に復したベルルスコーニは、この流れを転換。同政権が出した「原発再開法」廃止の是非を問う国民投票が、2011年6月に行われた。成立に必要な50%を超える得票率で反原発派の勝利となったのは、福島原発事故の影響が大きい。国民投票に向けての「開かれた政策討議」、人々の参加欲求の噴出、新しい主体の登場など、注目すべき政治状況の変化も見られた。

地域的に限定された住民投票なら、日本でも貴重な経験がある。東北電力は、1970年代はじめから新潟県巻町(現在は合併して新潟市に編入)に原発を建設する準備を進めていた。1994年に再選された町長は町有

地を売却する方針だったが、反対派グループの集めた解職請求（リコール）署名が規定数を上回ると、投票日を待たずに辞任。出直し選挙で原発反対派の推す町長が当選すると、条例（前年に制定）に基づく住民投票が 1996 年 8 月 4 日に実施された。反対派が勝利をおさめ（投票数の 60.86％）、町長は町有地を電力会社に売却しないと宣言した。

　巻町における一連の動きでは、国や町長が民意を無視して原発を造るのを拒もうと、多くの人々が、選挙権と被選挙権、リコールなどの直接請求や裁判等々あらゆる権利を行使し、膨大な時間と労力を費やして住民投票を実現させた。それは市民自治の手本となり、住民投票の全国的な広がりに大きな影響を及ぼした。(42) その後、町議会では原発推進派議員が過半数を占めたが、町長は町有地を反対派グループに売却。裁判にまで発展するが、推進派が敗訴。(43) 東北電力は、巻町での原発建設を事実上断念する。

　原発の是非を国民（住民）投票に委ねるという議論を批評する力量を、筆者は持ち合わせていない。直接民主制の理念はよいものだが、国民投票の場合、非合理なかたちで濫用されるならポピュリズムの危険と隣り合わせである。高い市民性が不可欠、とはひとつの模範解答だろう。今井氏が紹介する各地の住民投票における市民の真剣な討論は、熟議民主主義を通じた学習と通じるものがある。だが、とりわけ原発に関しては、情報も権力資源も極めて不均等にしか配分されていないのが現状だから、結局は為政者の意向に沿うかたちで「世論」が形成・誘導されてしまうのでは、との懸念を払拭できないのである。

　熟議民主主義であれ住民投票であれ、草の根イニシアチブが硬直した政治に新風を吹き込むとの期待は、長続きしなかった。あれだけの重大事故を経験しながら、なぜ日本が原発再稼働・原発輸出路線に復したのかについては、明確な政治学的説明を要する。本書の問題関心からは、戦後日本政治の抱える問題を明らかにした上で、福島原発事故後の脱原発運動の盛り上がりとその揺り戻しという経験を今後に活かす方策を探りたい。

試金石としての原発輸出

　脱原発社会の構築。それが差別構造を超え、新たな政治・社会秩序とライフスタイルを創造する行為だとすれば、その試金石とでもいうべきテーマを避けるわけにはいかない。原発輸出をどう考えるか。

　「(福島原発)事故の経験と教訓を生かして技術を発展させることで世界最高水準の安全性を実現できる」。安倍晋三首相は、2012年1月からアジア、中東、東欧諸国を訪問し、帰国後、国会で原発輸出について問われてこう答弁した。未曾有の大事故を起こした当事国の首相が、外遊先で「安全」を安請け合いするのも信じがたい行為だが、それを国内政治の突破口とする手法は、新安保関連法（7頁）と同じである。

　原発輸出の方針は1980年代からあったが、1995年、通産大臣の諮問機関「総合エネルギー調査会」は原発設備の本格的な輸出攻勢を打ち出した「近隣アジア地域における原子力発電の安全確保を目指した国際強調（ママ）の下での多面的対策」を発表した。[44]小泉政権の時代には、2005年に閣議決定した「原子力政策大綱」の中で、原発輸出が中長期の取り組みとして位置づけられた。そこでは、2030年以降も総発電量に占める原子力の割合を30〜40％以上に保つとされる。これに基づき経済産業省は、翌2006年に策定した「原子力立国計画」の中で、国内の原発建設の低迷が見込まれる期間（2010年から20年間ほど）は、「我が国原子力産業の国際展開を積極的に進める」ことで技術と人材の厚みを維持し、2030年頃から始まると見込まれる大規模な原発建替え（リプレース）時代に備えるとした。

　他の関係省庁も、「05年大綱」を根拠に、原発輸出に関わる法整備や受注支援策の予算化など、具体的な取り組みを推し進めた。2010年10月、菅直人政権（民主党）はベトナム政府と原子力プラント建設協力で正式合意し、日米の関係省庁間でも第三国輸出協力についての作業が始まった。こうして、原子力「受領国」から「供給国」に向かいアクセルを踏もうとした矢先に、福島原発事故が起きたのである。[45]

　2012年衆院選で政権復帰した自民党主導内閣は、アベノミクスの経済成長戦略のひとつに原発輸出を据える。これに対する道義的な批判は

ある。自国で破綻した技術を輸出し、原発の害悪を他国（特に途上国）に押しつけた上での繁栄を志向するのかと。だが、今世紀に入り日本が原発輸出を活性化させようとした経緯をふり返るなら、むしろ、次のように考えるほうが順当である。原発輸出は、国内でも一定以上の原子力発電を維持することが前提となっている。

　原発輸出は、実際に請け負うのは民間企業でも、国が長期にわたり法的・財政的な「保証人」となることが必要な特殊な商取引である。プロジェクトの期間中、原子炉の製造ラインと技術・人材を確保する政策が続けられる。そこには、「原子力発電を継続するために原子力産業を維持する」のではなく、「原子力産業を維持するために原子力発電を継続する」という倒錯が見られる。原発推進政策のツケが、このようなかたちで表れる。

　2014年4月、安倍政権は新しい「エネルギー基本計画」を閣議決定する。次の改定まで、国の原子力政策の指針となるものだが、ところどころ整合性に欠ける上、肝心な点がぼかされている。鈴木真奈美氏は、ふたつの問題を指摘する。第一に、今後の原子力比率について具体的な数字を示さないまま、原発輸出を推進するとしている点である。これでは、「原子力産業を維持するために原子力発電を継続する」方向になし崩し的に向かいかねない。第二に、「高効率火力発電、再生可能エネルギー・省エネルギー技術、原子力、スマートコミュニティ等のインフラという形でその国際展開を推進する」という文言である。他のエネルギー技術と並列に扱うと、原発輸出の特殊性を隠蔽することになる。

　原子力技術は核兵器製造技術を民生用に転用したもので、核物質防護および安全保障貿易管理上の特別な手続きを必要とする。また、放射能の大量放出事故が発生した場合に備え、輸出先相手国が原子力損害賠償に関する国内法を整備しているか、国際条約に加盟していることが求められる。また、日本が米国（あるいは英国）から原子炉を輸入する際、免責条項を盛り込んだ協定が締結されている（18頁）。いったん事故が起これば多大な損害をもたらす原発メーカーに、汚染者負担原則が適用されないという根本矛盾。しかもそれに国家がお墨付きを与える。原発

輸出とはそういうビジネスである。
　こうした懸念をよそに、2015年12月12日には、日本からインドへの原発輸出を可能にする原子力協定が合意された。日印の原子力協定交渉は民主党政権時代に始まったものだが、核不拡散条約（NPT）非加盟国との初の協定締結として注目される。日本は、インドが核実験を再開すれば協力を停止する意向を伝えたが、そのような措置は共同声明には盛り込まれなかった。

見える差別と見えない差別
　原発には、現代社会の重層的な差別が、究極の姿をとって表れる。しかもそうした差別は、時間的にも空間的にも拡張される。ウラン鉱、使用済み核燃料処理、原発輸出などの問題は、害悪が国境を越えて不均等に配分される例であり、それは経済グローバル化と格差社会の進展の中でますます深刻になる。長期にわたり影響の残る放射性物質は、将来世代に負担を強いる。
　差別や犠牲の構造は、すべてが可視化されているわけではない。地域間格差は、（現地に足を運べば）比較的容易に知覚できる。それに対し、下請け労働者の被曝労働の実態は、よほどのことがなければ明るみに出ない。原発周辺住民に深刻な健康被害が出ても、電力会社や行政の隠蔽体質も絡み、因果関係の立証は容易でない。電源三法交付金や原子炉メーカーの免責条項など、原発を成り立たせるのに不可欠なしくみを知っている人は、どれくらいいるだろうか。そうしたことも、力関係の非対称性や差別を見えにくくする。
　分断化や無関心が助長されやすい構造の中で、脱原発社会構築を志向する側には、立場の違いを超えた連帯を創り出すことが求められる。立地地元と消費地元の対立、ＮＩＭＢＹ型の住民運動の限界性などといった問題も、こうした文脈上でとらえられるべきである。地元に根ざした運動と、都市部の新中間層を主体とする運動との関係、政党政治をめぐるスタンスの違いをどう調和させるかといったことも、避けて通れない。日本は唯一の被爆国でありながら、核兵器と原子力エネルギーの不可分

性を曖昧化するレトリックを批判し切れず、反核・平和運動と反原発運動の行く手に暗い影を投げかけたという負の遺産をどう乗り越えるか、という課題もある。

戦後日本のひずみがもたらした問題は、沖縄の米軍基地をはじめ、他にもある。究極の差別構造をはらんだ原発は、そうした問題を統一的に考える際の手がかりとなろう。

矢部宏治氏が次のように言うのは、示唆的である。

> 福島の状況が過酷なのは、私がいま説明したようなウラ側の事情についての知識が、県内ではほとんど共有されていないというところです。……いままでなにも問題なく暮らしていたところに、突然、原発が爆発したわけですから。その点、沖縄には長い闘いの歴史があって、米軍基地問題についてさまざまな研究の蓄積があり、住民の人たちがウラ側の事情をよくわかっている。また、そうした闘いを支える社会勢力も存在する。……しかし福島県にはそうしたまとまった社会勢力は存在しない。……ですから福島で被災している方々に、そうした沖縄の知恵をなんとか伝えたい。戦後70年近く積み重ねられてきた沖縄の米軍基地問題についての研究と、そこであきらかになった人権侵害を生む法的な構造を、福島のみなさんになんとか知っていただきたいと思って、いまこの本を書いているのです。(48)

やや図式化されているかも知れないが、ここで言われている重要なことは、構造的な差別が沖縄では十分すぎるほど可視化されているのに対し、福島では必ずしもそうでなかったということである。目をそむけたくてもそむけられない過酷な現実を日々突きつけられる沖縄と異なり、原発立地の人たちは、政府や電力会社の喧伝する安全神話を（ワラにもすがる思いで）信じつつ、原子力のほんとうの恐ろしさを意識の外に追いやることも不可能でなかった。福島原発事故が起こるまでは。

ポストフクシマ時代の私たちには、目に見える差別も見えにくい差別

も対象化し、それに対する批判理論を打ち立てていく構想力が求められるのである。

(1) 同氏の半生と六ヶ所村反核燃運動の記録は、菊川慶子『六ヶ所村ふるさとを吹く風』（影書房、2010年）を参照。
(2) ウルリヒ・ベック『危険社会／新しい近代への道』（東廉・伊藤美登里訳、法政大学出版局、1998年）29頁。
(3) 真宗大谷派宗務所出版部（東本願寺出版部）『いのちを奪う原発』（真宗ブックレット9、2002年）83〜84頁。
(4) 『Weeklyプレイボーイ』（以下『プレイボーイ』という）第29巻第44号（1994年11月22日号）46頁、明石昇二郎『敦賀湾原発銀座［悪性リンパ腫］多発地帯の恐怖』（宝島社、2012年）11頁。
(5) 『プレイボーイ』第29巻第45号（1994年11月29日号）58頁、明石前掲書36頁。
(6) 『プレイボーイ』第29巻第46号（1994年12月6日号）80頁、明石前掲書85〜98頁。
(7) 『プレイボーイ』第29巻第46号（1994年12月6日号）82頁、明石前掲書101頁。
(8) 『プレイボーイ』第29巻第46号（1994年12月6日号）81頁、明石前掲書99〜100頁。
(9) 敦賀市東浦地区の北に位置する河野村（現南越前町）も似たような状況にある。原発の準立地自治体として、南越前町には合併前の2004年度までに、電源三法交付金などから約27億円が交付され、日本原電からは10億円以上の寄付もあった。だがリスクは原発立地自治体と同様なのに、交付金はけた違いに少ない。前掲『原発の行方』（第1章注6）3章「豊かさと、リスクと」の「対岸8キロ　常に危機感」の項参照。
(10) 明石前掲書73〜76頁。
(11) 1994年11月12日『福井新聞』28面。原平協（24頁）設立者の石黒順二氏も、『週刊プレイボーイ』誌の記事を、科学的根拠に乏しい稚拙な調査による「でっち上げ」に等しいものにもかかわらず、福井県にとって大きなイメージダウンをもたらしたとし、その後も根も葉もないデマが信じられているのは一部マスコミの過剰な反原発報道に原因があるとする（石黒前掲書（第1章注13）40頁）。
(12) 明石前掲書110頁。
(13) 『プレイボーイ』第29巻第46号（1994年12月6日号）76頁、明石前掲書83頁。
(14) 『プレイボーイ』第29巻第47号（1994年12月13日号）221頁、

明石前掲書 234 頁。
- (15) 鎌田慧『少数派の声／鎌田慧の記録 3』(岩波書店、1991 年) 268 頁 (この文章の初出は 1976 年)。
- (16) 原発黒書編集委員会編『原発黒書／日本における原発推進の実態』(原水爆禁止日本国民会議、1976 年) 76 頁。
- (17) 樋口健二『闇に消される原発被爆者［増補新版］』(八月書館、2011 年) 169〜170 頁。樋口健二『これが原発だ／カメラがとらえた被曝者』(岩波書店、1991 年) 115〜133 頁も参照。
- (18) 法政大学大原社会問題研究所編『新版　社会・労働運動大年表』(労働旬報社、1995 年) 1092 頁。
- (19) http://asama888.cocolog-nifty.com/blog/2012/03/post-c712.html。
- (20) 日本弁護士連合会編『検証　原発労働』(岩波書店、2012 年)。
- (21) http://www.magazine9.jp/karin/130710/。続編あり。
- (22) 『週刊金曜日』920 号 (2012 年 11 月 16 日刊) 7〜8 頁。
- (23) 寺尾紗穂『原発労働者』(講談社、2015 年) 31〜32 頁。
- (24) アルドリッチ前掲書 (第 1 章注 31) 160 頁。
- (25) 和田前掲書 (第 1 章注 11) 43〜46 頁。
- (26) 本田前掲書 (第 1 章注 4) 78 頁。
- (27) シドニー・タロー『社会運動の力／集合行為の比較社会学』大畑裕嗣訳、彩流社、2006 年、139 頁。
- (28) 小野前掲書 (第 2 章注 49) 76 頁。
- (29) アルドリッチ前掲書 4 頁。
- (30) 1996 年 8 月 5 日『読売新聞』1、3 面など。
- (31) 小野前掲書 219 頁。
- (32) 加藤前掲書 (第 1 章注 3) 206〜207 頁。
- (33) アルドリッチ前掲書 157 頁。
- (34) 『世界』834 号 (2012 年 9 月) 94 頁。
- (35) 石坂前掲書 (プロローグ注 3) 227 頁。
- (36) 2012 年 8 月 23 日『朝日新聞』。
- (37) これは、無意識の社会心理的バイアスや意図的な戦略的操作から解放され、討議倫理に基づく対話が成立する場を作るための条件とされる (篠原一『討議デモクラシーの挑戦／ミニ・パブリックスが拓く新しい政治』岩波書店、2012 年、13 頁)。
- (38) 前掲書 24 頁。
- (39) 今井一『「原発」国民投票』(集英社、2011 年) 40 頁。
- (40) 前掲書 44〜45 頁。この結果の解釈をめぐって、渡辺博明氏はむしろ、推進派政党が支持した第 1 案と第 2 案があわせて過半数に達したことで、「長期的には原発を廃止するとし、またそれ以上の増設は断念するとしながらも、建設中のものを含めた 12 基を運用することが、国民を巻き込んだ手続きによって承認される

形となった」ことを重視する（本田・堀江前掲書（第3章注32）180頁）。
(41) 本田・堀江前掲書204～208頁。
(42) 今井前掲書67頁。
(43) 2003年12月の上告不受理決定時の最高裁第一小法廷判事の構成は、1年半後のもんじゅ訴訟上告審判決（145頁参照）の時と同じだが、巻町のケースでは最終的に司法が原発建設にストップをかける役割を果たした。ふたつの案件で対照的な結果が出た理由はさまざま考えられるが、巻町は建設前の軽水炉、もんじゅは巨費をつぎ込み試験運転も行なわれていた国策の高速増殖炉という違いがあるゆえ、最高裁はそれぞれ現状追認の判決を下したとの推測が成り立つ。磯村健太郎・山口栄二『原発と裁判官／なぜ司法は「メルトダウン」を許したのか』（朝日新聞出版、2013年）162頁。
(44) 宮嶋信夫編著『原発大国へ向かうアジア』（平原社、1996年）110頁。
(45) 鈴木前掲書（第1章注1）22～23頁。
(46) プラントメーカーともにサプライヤー（供給事業者）を重視する村上明子氏は、核燃料サイクル技術先進国とは条件の異なる日本は、原子力事業の国際展開に際しても、まず足下の持てる技術（具体的にはウラン濃縮役務の国産化率を高めることなど）を固めることの重要性を指摘する。村上明子『激化する国際原子力商戦／その市場と競争力の分析』（エネルギーフォーラム、2010年）226、245頁。
(47) 鈴木前掲書29～30頁。
(48) 矢部宏治『日本はなぜ、「基地」と「原発」を止められないのか』（集英社、2014年）61～62頁。

第5章 「司法は生きていた」
――大飯原発差し止め訴訟福井地裁判決の波紋

「原子力発電所は、電気の生産という社会的には重要な機能を営むものではあるが、原子力の利用は平和目的に限られているから（原子力基本法2条）、原子力発電所の稼働は法的には電気を生み出すための一手段たる経済活動の自由（憲法22条1項）に属するものであって、憲法上は人格権の中核部分よりも劣位に置かれるべきものである。しかるところ、大きな自然災害や戦争以外で、この根源的な権利が極めて広汎に奪われるという事態を招く可能性があるのは原子力発電所の事故のほかは想定し難い。……本件訴訟においては、本件原発において、かような事態を招く具体的危険性が万が一でもあるのかが判断の対象とされるべきであり、福島原発事故の後において、この判断を避けることは裁判所に課された最も重要な責務を放棄するに等しいものと考えられる。」

今さら説明の必要もないだろう。2014年5月21日、福井地方裁判所（写真15）は、原告の差し止め請求をほぼ認め、大飯原発3、4号機の運転を禁じる判決を下した。その判決要旨の一節である。それがいかに注目され、福島原発事故の傷癒えぬ中で脱原発運動を続ける人々を勇気づけたのかは、本書でも言及してきた。司法の良識を示した名判決だが、政府や電力会社は、どこ吹

【写真15】福井地方裁判所（筆者撮影）

く風で原発再稼働や原発輸出を既成事実化している。

　この国において、司法は原発とどう関わってきたのか。また、今後の展望は。福井地裁判決から見えてくるものを整理しておこう。

1．福井地裁判決の新奇性

人格権という考え方

　「ひとたび深刻な事故が起これば多くの人の生命、身体やその生活基盤に重大な被害を及ぼす事業に関わる組織には、その被害の大きさ、程度に応じた安全性と高度の信頼性が求められて然るべきである。このことは、当然の社会的要請であるとともに、生存を基礎とする人格権が公法、私法を問わず、すべての法分野において、最高の価値を持つとされている以上、本件訴訟においてもよって立つべき解釈上の指針である。」

　判決主文に続く理由の冒頭の、全体のライトモチーフを示す部分で強調、いやそれどころか最高の価値を持つ解釈上の指針とまで言われているのが、人格権という考え方である。「人格権は憲法上の権利であり（13条、25条）、また人の生命を基礎とするものであるがゆえに、我が国の法制下においてはこれを超える価値をほかに見出すことはできない」。それゆえ、「人格権の根幹部分に対する具体的侵害のおそれがあるときは、人格権そのものに基づいて侵害行為の差止めを請求できる」。しかも、「放射性物質のもたらす健康被害について楽観的な見方をした上で避難区域は最小限のもので足りるとする見解」を退け、大飯原発から250キロ圏内に居住する住民に原告としての適格性を認めている。

　人格権に基づき侵害行為の差し止めを請求できるというのは、本判決独自の考えではなく、判例・通説により認められている、との解説もある[2]。だがこの判決は、類例なく広範に人格権を認めている。人格権とは、第三者からの侵害に対して法律上保護されるべき人格的利益に関する私権である。比較的新しい概念のため、完成された定義は存在しない。

　ひとつの考え方として、日本国憲法では13条に定められた、個人の生命、自由および幸福追求権の延長上に位置づけ、それを充実させるも

のだという解釈がある。憲法に直接定めのないプライバシー権、名誉権、個人情報の保護などがそうである。ただし、憲法13条にいう幸福追求権とは、「公共の福祉に反しない限り」最大の尊重を必要とするものであり、これだけでただちに、人格権が至高の価値を持つとは言い切れない。

　福井地裁判決は、人格権を根拠づける際に憲法13条と25条に言及している。25条1項に定められている権利は、生存権とよばれる。「健康で文化的な最低限度の生活を営む権利」の保障が、実際には低水準にとどまる可能性は排除されないものの、社会福祉政策の根拠となる条項である。人格権を、幸福追求権とともに生存権と結びつけていることが重要である。原発事故とは、個人の生命、すなわち言葉の最も狭い意味における生存権が脅かされるものだけに、「我が国の法制下においてはこれを超える価値を他に見出すことはできない」人格権を根拠に、差し止め請求が可能というわけである。人格権の中核部分は25条と結びついているからこそ、基本的には経済活動の自由（22条1項）に属することがらは、それに対して劣位にあると判示される。

　問題は、このような法解釈が、法曹界でどの程度の普遍性を持ち得るかである。原発差し止め訴訟はこれまでにもあり、多くは原告側敗訴に終わっていることからすれば、こうした考え方は主流でないのだろうか。今後それがどう変わるか（変わらないか）は注目すべきだが、原発差し止めを認めた画期的判決が人格権を基礎にしていることの重要性は、再確認されてよい。

万に一つの具体的危険

　福井地裁判決はいう。「かような危険（原子力発電所の事故）を抽象的にでもはらむ経済活動は、その存在自体が憲法上容認できないというのが極論にすぎるとしても、少なくともかような事態を招く具体的危険性が万が一でもあれば、その差止めが認められるのは当然である」。これは、判決を貫く思想の核心である。

　原発事故の危険性は抽象的可能性ではない。その被害の甚大さは、福

島原発事故（およびチェルノブイリなどの先行する事故）を経て明らかになった。だからこそ、「本件訴訟においては、本件原発（大飯原発）において、かような事態を招く具体的危険性が万が一でもあるのかが判断の対象とされる」。危険の性質と被害の大きさに応じた「安全性が保持されているのかの判断をすればよいだけであり、危険性を一定程度容認しないと社会の発展が妨げられるのではないかといった葛藤が生じることはない」。

　この裁判では1年5ヶ月の間に8回の口頭弁論を行い、証人尋問をすることなく判決に至った。従来の原発訴訟からすれば異例の短期間である。それが可能だったのは、基準地震動を超える地震が大飯原発に来るかどうかという争点について、専門的な科学論争の迷路に立ち入らなかったことに一因がある。裁判所は、「（地震学の）理論上の数値計算の正当性、正確性について論じるより、現に、全国で20箇所にも満たない原発のうち4つの原発に5回にわたり想定した地震動を超える地震が平成17年以後10年足らずの間に到来しているという事実を重視すべき」という立場をとる。行政訴訟の場合のような、規制基準の適合性や原子力規制委員会の審査の適否といった観点からではなく、一定の証拠から事実を認定し、心証形成し、一定の判断を導くのである。

　「原子力災害は万が一にも起こしてはならない」というのが原子炉等規制法の趣旨だとは、伊方原発訴訟最高裁判決（1992年）でも判示されていた。だが、実際の運用を担う行政は安全性より経済性を優先し、司法もそれを追認してきた。その最大の根拠は、「原発の運転差し止めを認めるには、差し止めを求める住民側が、原発事故により大規模な放射性物質の外部放出が起こる具体的危険を立証しなければならない」という論理である。1000年に1度来るかどうかという巨大地震の可能性は、「具体的危険」とは見なされない。伊方原発訴訟最高裁判決は、原発の高い安全性を求めながら、運転の可否については住民側の危険性よりも専門家の判断を優先するという、矛盾した論理を採用したのである。

　福井地裁判決は、それを乗り越える論理として、人格権と条理という、

市民の感覚にも近い考え方を採用した。樋口英明裁判長は、「この裁判を専門技術的な判断が求められる裁判だと思ったことはない」と述べていた。この発言は、原発訴訟を高度な専門技術的訴訟ととらえ、司法にはそれを判断する力量はないとして、行政の安全審査の追認に終始してきた、これまでの司法のあり方との決別を意味する。ここにひとつの転換点を見て取ることができる。裁判官の中で進行していた反省と模索の必然的結果と言い得よう。(5)

基準地震動をめぐって

　この判決を快く思わない者もいる。関西電力は判決が出た翌日に控訴しているし、経済界や関係学会（いわゆる原子力ムラ）も批判的見解を表明している。その批判点は、基準地震動の予測に関するもの、行政と司法の関係に関するもの、「ゼロリスク」を求めることの科学性に関するものに大別できる。以下、それぞれ検討していこう。

　第一の点に関して。被告（関西電力）は、核燃料の冷却手段が確保できなくなる地震レベルを1260ガルとしていた。判決では、地震発生を予測するための過去のデータが限られることから、「大飯原発には1260ガルを超える地震は来ないとの確実な科学的根拠に基づく想定は本来的に不可能」とされる。関西電力は、控訴理由書の中で、比較対象となっている岩手宮城内陸地震とは断層の大きさ、断層破壊の起こり方、地盤の増幅特性が異なり、判決は地域性を無視していると反論した。

　福井地裁判決がむしろ重視したのは、10年足らずのうちに5回（石橋克彦氏によれば7回）にわたり、想定以上の地震が原発を襲っている事実である。大飯原発の地震想定も、過去の地震の記録と周辺の活断層の調査分析という同様の手法でなされており、関西電力による大飯原発の地震想定だけが信頼に価するという根拠は見出せない。「地震という自然の前における人間の能力の限界を示すものというしかない」とするゆえんである。誤りの「実績」を重視し、それと同じ手法が用いられている以上同じ過ちを犯すかもしれないと、誰にでも理解できる論理で問題を指摘した点が画期的である。(6)

関西電力は、また、基準地震動（1260ガル）を超えない地震への対応策を記したイベントツリーがあること、原発施設には安全余裕があることなどを主張する。地裁判決は、これらを検討した上で、「基準地震動に満たない地震によっても冷却機能喪失による重大な事故が生じ得るというのであれば、そこでの危険は、万が一の危険という領域をはるかに超える現実的で切迫した危険と評価できる」と判示する。使用済み核燃料や電源喪失の可能性についても、その楽観的すぎる見通しに厳しい判定を下す。

ゼロリスクを求めるのは反科学的か

　第二の批判点は、行政と司法の関係についてである。原子力推進側に立つ澤昭裕氏（経済産業省資源エネルギー庁、日本経団連二一世紀政策研究所などを経て、現在は国際環境経済研究所長）は、福井地裁判決は「ゼロリスク」を求めており、行政と司法の二重の基準が併存するのは不適切とする。もし本気でそう思っているなら、司法の機能や三権分立について根本的な無理解があるということであり、まともな検討に値しない。

　日本原子力学会は、判決直後の5月27日、事故原因が究明されていないとの指摘は事実誤認である、ゼロリスクを求める考え方は不適切である、工学的な安全対策を否定する考え方は不適切である、などとする見解を公表した。ここに、第三の批判点がある。

　同学会のゼロリスクについての批判点は澤氏と同様だが、工学的な安全対策を否定という批判は当たらない。判決要旨5の(2)のウの「イベントツリー記載の対策の実効性について」では、7点にわたり、緊急時の事故対策の信頼性について具体的な問題点が指摘されているからである[8]。

　そもそも安全神話を主張してきたのは原発推進側であり、この場に及んでゼロリスク要求するのは科学的でないとの主張を持ち出すのは、フェアでない。それにもかかわらず、こうした言説が、とりわけ技術系の人々を中心に一定の影響力があるのは否定し難い。「危険性を一定程度容認しないと社会の発展が妨げられるのではないかといった葛藤」に

立ち入ることを回避しているとのそしりは、全くの事実無根というわけでもないのではないか。

　この点については、抽象論としてではなく、裁判所が個々の事案について判断を下す際にどのような態度で臨んだのかを、具体的に検証すべきだろう。原告側弁護団の一人である島田広氏は、樋口裁判長が被災者の意見陳述に熱心に耳を傾けていたこと、国会事故調の報告書を詳細に吟味していることが法廷での言葉の端々から感じられたことを指摘する。裁判長は、関西電力に対し、原告が主張する事故想定や原発の危険性について、できる限り詳細に認否するようくり返し求めた。その結果、関西電力も認めざるを得ない事実が多数明らかになった。さらには、わからないことを当事者に質問（法律用語で求釈明）することに躊躇しなかった。そうした過程を通じて明らかになったのは、関西電力側の回答の不合理さ、疑問に正面から答えない不誠実さであったという。(9)

　例えば、基準地震動を超えた地震が５回もあったことについて、関西電力の回答は、「問題となった過去５回の地震のうち、一部は太平洋側のプレート間地震だから日本海側の大飯原発とは無関係、その他は新しい耐震審査指針で対応済み」というもの。しかし、「なぜ、科学的知見をもとに作られたはずの基準地震動がこう何度もやすやすと超えられてしまうのか」、「基準地震動そのものの信頼性に疑問はないか」という点には、まともに答えられなかった。さらには、基準地震動より小さい地震でも冷却水喪失や電源喪失があり得るとすればイベントツリーそのものの機能性が問題になるとの指摘にも、関西電力側は、ストレステストの結果等について一般的な説明しかしなかった。関西電力は、自ら墓穴を掘ったわけである。

　ゼロリスクを求める福井地裁判決が反科学的との批判は、筋違いである。科学論争に立ち入ることは本題でないとしつつ、実は裁判所は、最大限の科学的知見に基づく判決を下そうとしていた。科学的根拠を問われて答えに窮し、正面からの回答を極力回避したのは、原発推進側のほうである。「裁判官が裁判をする上で、わからないことを納得できるまで当事者に尋ねることは当然のように思われるが、実はそれをきちんと

すれば、原子力ムラによってゆがめられた安全審査では覆い隠せない深刻な問題点が、浮かび上がってくるものなのかもしれない」(10)。

2．日本の原発訴訟事情

行政訴訟と民事訴訟

「当裁判所は、極めて多数の人の生存そのものに関わる権利と電気代の高い低いの問題等とを並べて論じるような議論に加わったり、その議論の当否を判断すること自体、法的には許されないことであると考えている。このコストの問題に関連して国富の流出や喪失の議論があるが、たとえ本件原発の運転停止によって多額の貿易赤字が出るとしても、これを国富の流出や喪失というべきではなく、豊かな国土とそこに国民が根を下ろして生活していることが国富であり、これを取り戻すことができなくなることが国富の喪失であると当裁判所は考えている。」

まるで小浜の反原発運動にでも出てきそうなフレーズではないか。このような言葉で結ばれる福井地裁判決は、当たり前のことをわかりやすく述べ、裁判官の矜持を示したと好意的に評される（12頁）。だが、日本の原発訴訟の流れの中では、異端的な判決であることも否定できない。

この種の裁判で原告（住民）が勝訴した例は、大飯原発訴訟（およびその後の高浜原発仮処分）を含め4件のみで、それ以外はすべて原告側敗訴に終わっている。福井地裁判決は、この流れを変えるものだろうか。この問いに答えるには、日本の原発訴訟史の中での位置づけを知ることが不可欠である。

大飯原発差し止め訴訟は、2012年11月に提訴された。それに先立つ2011年7月には、脱原発弁護団全国連絡会が結成されていた。福島原発事故が発生した時点で係属中の差し止め等訴訟は、大間、浜岡、島根、上関の各原発に関するものだけだったが、差し止め訴訟を全国で起こそうとの呼びかけに300人近い弁護士が参加した。全国連絡会を通じ、福島原発事故の被害、原発の規制基準等についての知識が共有された(11)。

第5章 「司法は生きていた」——大飯原発差し止め訴訟福井地裁判決の波紋

　行政による設置許可がなされる段階になると、原発建設予定地の住民がとり得る手段は限られてくる。抵抗・異議申し立ての最後の手段が原発訴訟だが、これは手続き上、行政訴訟と民事訴訟とに大別される。行政訴訟は、原発などの設置許可をした経済産業大臣ら（国）に対し、許可の取り消しを求める訴訟である。伊方、福島第二、東海第二、柏崎の各原発に対する訴訟は、いずれも行政訴訟である。そこでは、「原子炉等規制法23条に基づく原子炉の設置許可を取り消す」という判決を求めるのが、通常の形式となる。

　行政訴訟では、行政不服審査法により、処分があったことを知った翌日から60日以内に異議申し立てをするのが前提である。この期間を過ぎた場合、可能性として残るのが民事訴訟である。これは、電力会社などの設置者に対し、住民が人格権・環境権に基づき施設の建設や運転の差し止めを求める訴訟である。女川、志賀（1、2号炉）、島根、浜岡の各原発に対する訴訟がそれである。(12)

　大飯原発差し止め訴訟が、この分類では、民事訴訟であることは重要である。国の手続きの正当性を問う行政訴訟では、設置基準をめぐり科学論争の迷路に入り込みやすい。福井地裁はそれを回避し、原発事故の具体的危険性があるのか否かを判断の対象とした。

　小出裕章氏は、福井地裁で住民側勝訴の判決が出た理由を、ふたつ挙げる。ひとつは、樋口英明（裁判長）、石田明彦、三宅由子の裁判官3氏がいたこと。もうひとつは、福島原発事故という現実である。後者の理由は言わずもがな。前者に関し、小出氏は、これまでにさんざん苦杯をなめさせられてきた人間らしく、司法の独立性にも懐疑的な見方をしていた。「裁判官にしても言ってみればサラリーマンである。彼らは学者と同じく社会的にエリートとして認知され、上昇志向が強い人たちである。国家の根幹に関することで国に楯突くような判決を書けば、出世の道が絶たれることは当然である」(13)。

　それでは、以前の原発訴訟とはどのようなものだったのか。

伊方原発訴訟

　伊方原発訴訟は、福島第二原発訴訟と並び、最も初期の原子力訴訟である。一審は松山地裁で、控訴審は高松高裁で争われ、最高裁判決は1992年10月29日に言い渡された。数々の問題をはらんでいるとはいえ、原子力災害の特性に関する重要な言及があり、判決文を丹念に読み込めば、他の原発訴訟を闘う上での教訓とすることができる。

　愛媛県西宇和郡伊方町にある伊方原発1号炉（沸騰水型軽水炉、出力56万6000キロワット）は、四国電力が1969年に建設を計画し、72年5月に原子炉等規制法に基づき原子炉設置許可申請したものである。同年11月、内閣総理大臣（首相）は設置許可処分を行う。これに対し、行政不服審査法に基づく異議申し立てがなされるが、棄却。住民ら33名は、1973年8月27日、首相を相手取り原子炉設置許可処分の取り消しを求める訴えを起こした。この裁判では、小出氏ら京大原子炉実験所の科学者グループが原告側を支持し、原発の安全性をめぐる一大科学論争となった。

　一審の松山地裁判決は、1978年4月25日に出る。原告資格は認められたが、原子力技術の危険性をことごとく否定し、原告の請求を棄却するものだった。科学論争では原告側が勝っており、国の申請した証人が答弁不能に陥り、尋問台に突っ伏してしまう場面もあったという。しかし（だからというべきか）、突然裁判長が交代させられ、後任の裁判長は、一度も法廷で審理しないまま住民敗訴の判決を下した。専門的な科学論争がなされた訴訟の判決を、事実審理を担当しなかった裁判官が書いたことには、法学者からの厳しい批判がある。さらには、国(被告)は、科学論争に実質的に破れた末に、そもそも原告は許可処分の名宛人（電力会社）でないから行政訴訟を訴える資格がないと言い出した（同様の主張は他の原発訴訟でもなされた）。国が法廷における原子力論争そのものを拒否しようとした事実は、原子力安全行政の消しがたい恥部である。[14]

　一連の裁判は、最高裁判決により住民側敗訴で結審する。この判決には、安全審査の対象を基本設計に限定していることや、行政に一定の合

理的裁量判断を認めていると読めることなど、批判すべき点がある。だが、取り返しのつかない原子力災害の性格をふまえ、高いレベルの安全性確保を原子力発電所に求めている。依拠すべき科学的知見が（設置許可処分の時点でなく）現時点のものであるとした点、「立証責任は、本来、原告が負うべきものと解されるが、当該原子炉施設の安全審査に関する資料をすべて被告行政庁の側が保持していることなどの点を考慮すると、……被告行政庁が右主張、立証を尽くさない場合には、被告行政庁がした右判断に不合理な点があることが事実上推認される」と判示している点などは、重要である。なお、伊方原発訴訟最高裁判決に先立ち、もんじゅ訴訟第一次最高裁判決（1992年9月22日）は、相当広範囲の住民に原告適格を認めていた。

　1990年代後半以降の原発訴訟では、原告敗訴が続く。ただし、安全審査の不備や電力会社の経済性重視姿勢への批判など、原告の主張も判決文に取り入れられるようになった。

　北陸電力志賀原発1号炉の建設・運転差し止め訴訟では、名古屋高裁金沢支部判決（1998年9月9日）で請求が棄却された。ただし判決文は、平常運転時にも一定の放射性物質が環境に出ていること、外国では住民の深刻な健康被害につながる重大事故（スリーマイル島、チェルノブイリ）が発生していること、核燃料再処理や将来の廃炉など未解決の問題も残されていることなどを認定した上で、原子力発電所が人類の「負の遺産」の部分を持つこと自体は否定し得ないとも述べている。

　北海道電力泊原発1、2号機運転差し止め訴訟でも、原告の請求を棄却する判決が札幌地裁で言い渡された（1999年2月22日）。そこには、原子力発電所がどれだけ安全確保対策を充実させたとしても、事故の可能性を完全に否定することはできない、との判示もある。

　東北電力女川原発1号機運転差し止め訴訟の仙台高裁判決（1999年3月31日）は、原発を運転する側が経済性を優先させるあまり稼働率を重視するならそれは問題としつつも、具体的な安全上の問題については原告の指摘する危険性を否定する。

　日本原電東海第二発電所設置許可取り消し訴訟の東京高裁判決（2001

第5章 「司法は生きていた」――大飯原発差し止め訴訟福井地裁判決の波紋

年7月4日)は、圧力容器の鋼材脆性予測に不合理な点があり、より慎重な耐震設計審査指針が策定されることが望ましいが、安全余裕があるので違法とまではいえないと判断した。審査対象を基本設計に限定した過去の判例が、不合理に適用されているのがわかる。

　青森県六ヶ所村にある低レベル放射性廃棄物処分施設の設置許可取り消し訴訟の青森地裁判決(2006年6月16日)は、事業主の原燃産業(後に合併して日本原燃)が断層隠しのためにボーリングデータを意図的に隠蔽し、申請書にも嘘を書いたことを認定している。

　どの判決にも限界はあるが、判決理由の中では、原発推進の立場から積み上げられてきた言説の「矛盾」や安全審査における「まやかし」が少しずつ明らかになってきている。[16]

ふたつの原告勝訴例

　2000年代には、ふたつの原発訴訟で原告(住民)側が勝っている。いずれも、科学的知見に基づく主張の積み重ねと、実際に起こった出来事(事故や地震)によるところが大きい。被告(国または電力会社)の主張をほぼ鵜呑みにした上級審判決により覆された、という点でも共通している。

　初の原告勝利となったのは、高速増殖炉「もんじゅ」をめぐる控訴審判決である。そこに行き着くまでには、提訴から17年の歳月が必要だった。

　もんじゅ訴訟は、1985年9月26日、民事差し止め訴訟と行政処分無効確認訴訟とを併せて福井地裁に提起された。原告となったのは、原子力発電に反対する福井県民会議。[17]同地裁は87年12月25日に、行政訴訟については「原告適格なし」との判決を出したが、最高裁が92年9月22日に「全員に原告適格あり」と判断したため、事件は地裁に差し戻された。その後、もんじゅはナトリウム漏れ事故を起こし(95年)、長らく運転を停止していた。そのような状況下にもかかわらず、福井地裁は2000年3月22日、行政訴訟と民事訴訟の双方について原告の請求を棄却する。その内容は、被告の主張を引き写しただけのお粗末なも

のだった。

　原告は控訴し、名古屋高裁金沢支部は2003年1月27日、許可処分の無効を確認する住民側全面勝訴判決を下した（民事訴訟はこの判決後に取り下げ）。安全審査の看過し難い過誤と欠落が、判決の理由である。具体的には、ナトリウム漏洩による腐食に関する判断の欠落、蒸気発生器破損可能性に関する誤った想定、炉心崩壊事故に関する判断の過誤が、原子炉設置許可を無効とする根拠となった。勝訴の理由はいくつか考えられる。原告側が伊方原発最高裁判決の論理を逆手にとり、安全審査に問題がある以上それをやり直すのが当然との主張を前面に出したこと、動燃側における重大な事実の秘匿が発覚したことなどは大きかった。

　これに対し、国は上告。2005年5月30日、最高裁は原子炉設置許可には違法性がないとする判決を下し、原告（住民）側の逆転敗訴が確定した。国側に不利な判決が支持される見込みは薄い、との見方は当初よりあった。だが、もし高裁の事実認定に疑問があるなら差し戻して審理やり直しを命じるのが本筋なのに、最高裁自らが事実認定の領域に踏み込んで原告側を敗訴させている。これに対しては、もんじゅの早期運転再開という政治判断があったのではないか、「理論はどうでもいいから、とにかくどんなことをしても国側を勝たせるんだ」というメッセージを下級審の裁判官に発したのではないか、との指摘があるのもうなづける。

　東海地震の震源直上の浜岡原発の安全性について、電力会社の主張を引き写して認めた静岡地裁判決が生み出されたのも、こうした状況下においてである。

　もうひとつの原告側勝利判決とは、志賀原発2号炉金沢地裁判決（2006年3月24日）である。これは、1999年に北陸電力を被告として提起された民事差し止め訴訟である。

　判決は、耐震設計が妥当といえるためには、直下型地震の想定が妥当であること、活断層をもれなく把握していること、耐震設計審査指針の採用する基準地震動の想定方法が妥当性を有することが前提としている。志賀原発2号炉の安全審査は旧指針（1978年）に従ってなされて

おり、鳥取県西部地震（2000年10月）、その後公表された地震調査委員会による邑知潟断層帯に対する評価、宮城県沖地震（2005年8月）の際に女川原発で測定された揺れなどの情報が考慮されていないから、安全審査に合格しているとはいえ「耐震設計に妥当性に欠けるところがないとは即断できない」。それゆえ、「原子炉が運転されることによって、周辺住民が許容限度を超える放射線を被ばくする具体的危険が存在することを推認すべき」として、運転差し止め判決を下したのである。

　この裁判を担当した裁判長は、プロローグでシンポジウム発言を紹介した井戸謙一氏である。旧耐震設計審査指針が、新たな地震学と耐震工学の知見からして容認し難いほど陳腐化していることを明確にし、伊方原発訴訟最高裁判決の立てた違法性判断基準に則って差し止め判決を導いたところに、金沢地裁判決の大きな意義があった。[21]

　2009年3月18日、名古屋高裁金沢支部は、一審判決を取り消すとの判決を下した。原告らは上告したが、最高裁は同年10月28日、それを棄却。この訴訟の後半では、耐震設計審査新指針に基づく安全審査やり直しの適否が争点となったが、司法は最終的には国の安全判断に追随する判断を下したのである。

相次ぐ原告敗訴

　その後は原告敗訴が続く。浜岡原発訴訟静岡地裁判決（2007年10月26日）、島根原発1、2号機訴訟松江地裁判決（2010年5月31日）、柏崎原発1号炉訴訟最高裁判決（2009年4月23日）などである。これらの訴訟では、いずれも地震に関して、原告側が理論的な論争でかなり被告を追い詰めていた。しかし、判決文には、一時期見られたような疑問点の指摘はなくなっている。裁判所は、思考停止したかのような判断を積み重ねていた。[22]

　政府が国策として原発推進路線をとる場合、司法に歯止め役を期待するのはそもそも無理なことなのだろうか。しばしば日本と対照されるのが（西）ドイツだが、とりわけヴィール反原発闘争の成功は、司法が重要な役割を演じた例として知られる。

ドイツ、フランス、スイスが国境を接するライン川上流地域は、ワイン栽培のさかんな農村地帯だが、近年、重化学工業とともに原子力発電所の誘致にも取り組まれた。バーデン=ヴュルテンベルク州ヴィール村の住民が原発建設計画を知らされたのは、1973年7月のこと。当地では、事業主体と州政府による地域住民への働きかけが、早期に開始されていた。村有地

【写真16】ドイツ・ヴィール反原発闘争係争地に立つ記念碑（筆者撮影）

売却をめぐる住民投票は75年1月12日に実施され、55％の賛成で可決される。他方では、バーデン=アルザス市民イニシアチブ（ＢＥＢＩ）などの国境を越えて活動する団体が素早い反応を見せ、建設予定地での森林伐採が始まると（2月17日）、翌日には敷地占拠を行う。いったんは警察権力の投入により強制排除されるが、2万8000人が参加した集会を皮切りに、二度目の敷地占拠がなされる。「ヴィールの森市民大学」などのユニークな試みもなされた敷地占拠は、その後8ヶ月以上継続される（写真16）。

現地闘争で優勢を保っていた反原発運動も、法廷闘争では必ずしも優勢でなかった。1975年3月、フライブルク行政地方裁判所は建設停止の仮処分を申し渡すものの、控訴審を担当したマンハイム行政高等裁判所は、建設再開を認める逆転判決を下した。バーデン電力は、占拠者には刑事・民事の訴訟も辞さないと声明するが、州政府は、交渉による解決を提案していた。一方、建設そのものの差し止め訴訟（74年提訴）の判決が出るまでは占拠地を明け渡さないとしていたＢＥＢＩにも歩み寄りの気運が見られた。

占拠終了後も運動は継続されたが、ＢＥＢＩは州政府との交渉を始め

る。4回の交渉を経て、76年1月には協定が結ばれ、同年11月1日まで建設作業を中断すること、その間に環境影響調査を行い地元住民の疑念を取り除くこと、占拠者に対する刑事罰と損害賠償請求を行わないことが取り決められた。77年4月、フライブルク行政地方裁判所は安全対策不備を理由に建設差し止め判決を下したが、1981年の控訴審判決でマンハイム行政高等裁判所はそれを破棄した。その後も反対派が法的手段を中心とした抵抗を続ける中、州政府は、ヴィール原発建設断念を突然発表する（83年8月30日）。最終的には、連邦行政裁判所が建設許可を取り消し、10年を超えるヴィール反原発闘争は終結する。

　この例が示すように、(西)ドイツの司法が常に市民運動に好意的だったわけではない。むしろ重要なのは、本田宏氏が指摘するように、攪乱型の直接行動は、世論の支持に加え、裁判闘争との相乗効果によりはじめて有効となることである。裁判所が刑事訴訟で逮捕者を無罪にし、あるいは行政訴訟の過程で原発立地手続きを凍結する可能性がなければ、直接行動への参加者個人のリスクが大きすぎる。日本では、裁判所がそのような判断を下す可能性は極めて低い（大飯原発差し止め訴訟は民事訴訟）。司法が行政へのチェック機能を果たさない日本の政治構造的特徴は、非暴力直接行動の成算を著しく抑制している。[24]

　逆に言えば、政府の原子力政策に追認的な判決を書く傾向の強かった裁判所が変われば、草の根市民運動の高揚やデモクラシー論の問い直しなどと呼応して、硬直した日本政治が変わる可能性もある。福島原発事故後、事実上最初の司法判断となった大飯原発訴訟福井地裁判決があのような内容だったことは、この意味で非常に重要なことである。

　だが事態は、それほど楽観的でなさそうである。福井地裁判決以後の展開を見ておこう。

3．高浜原発仮処分と川内原発訴訟

仮処分の法的拘束力

　裁判の結審までに、長い時間を要することは少なくない。勝訴しても、

判決の確定を待つ間に権利の実現が困難になる場合もあろう。それを回避するために、権利者の申し立てに基づき、権利保全のための仮処分を裁判所が相手方に命じることがある。正式な判決までの暫定的措置ではあるが、すぐに効力が発するというメリットがある。

例えば、原発立地の住民が電力会社を相手取り、原発運転禁止（差し止め）を求める訴訟を起こしたとする。判決が出る前に事故が起こって被害が発生するなら、訴訟の意味がなくなってしまう。それゆえ仮処分を申請し、暫定的に原発の運転禁止を求めることが考えられる。それが実際になされたのが、高浜原発3、4号機再稼働差し止め仮処分である。

高浜3、4号機は、2015年2月の段階で原子力規制委員会より安全対策の新規制基準を満たすとの判定を受け、同年11月の再稼働に向けて準備を進めていた。仮処分を申し立てたのは、原発から50〜100キロ離れた地点に住む住民9名。福井地裁は、4月14日、住民らの訴えを認め、運転を禁じる仮処分決定を出した。「新規制基準は緩やかにすぎ、適合しても本件原発の安全性は確保されず、合理性を欠く」というのが理由である。

これには前史がある。関西電力の社運を背負う高浜3、4号機に対しては、早くも2011年8月に、運転差し止め仮処分申請が大津地裁（滋賀県）に出されていた。同地裁は、2014年11月27日、奇妙な理屈でそれを却下する。だがそこには、基準地震動の定め方に疑問を呈し、もし再稼働許可が出ていれば運転を差し止める、ともとれる論理が含まれていた。こうして、福井地裁での可処分申請に向けてお膳立てが整えられていく。高浜3、4号機の「運転禁止」仮処分命令は、単独の闘いとして勝ち取ったのではない。まず、福井地裁の「大飯原発3、4号機運転差し止め」判決があり、大津地裁での「半分勝利」を経て、「運転禁止」仮処分命令へと至った。いわば「合わせ技の一本勝ち」で、その過程は火を噴くような激しい攻防と駆け引きの末の仮処分だった[25]。脱原発弁護団全国連絡会を中心に総勢170名の弁護士が、政府や電力会社の再稼働攻勢に仮処分で対抗していく方針を固めていたのも、有利に作用した。

仮処分決定に不服がある場合、同じ裁判所に取り消しを求めたり、処

分を凍結する「執行停止」を申し立てたりできる。それが認められないなら（福井地裁は5月18日付けで関西電力の執行停止申し立てを却下）、11月の再稼働は事実上困難になる。脱原発を望む人々は仮処分決定を歓迎し、あるいは安堵する一方、原発立地自治体では雇用や地域経済への影響を懸念する声も聞かれた。[26]

　裁判所の判断で、即効性あるかたちで原発の稼働が制限されるのは、日本でははじめてのことである。仮処分の立証は、訴訟のような証明でなく、いちおう確からしいという疎明で足りるとされる。しかし、原発訴訟で住民側が勝訴した例はわずかしかないため、福島原発事故前には、仮処分の利用は現実的な選択肢でなかった。

　最近では、原発再稼働差し止め訴訟と同時に、仮処分が申し立てられることがある。今回の福井地裁の決定を機に、他の原発訴訟でも仮処分に重点が置かれ、訴訟から仮処分へと主戦場が移ることも考えられる、とは川崎和夫氏の指摘である。[27] 川崎氏は、2003年、名古屋高裁金沢支部長として「もんじゅ」の設置許可無効の判決を下している。

福井での最後の仕事

　改めて、高浜原発仮処分決定を読み返してみよう。

　基準地震動を超える地震が原発に到来することは、あってはならないはずだが、実際には過去10年足らずの間に5回もそのような事態が起こっている。本件（高浜）原発の想定だけが信頼に価する根拠はない。また、700ガル未満の地震でも、冷却機能喪失による炉心損傷に至る危険が認められる。「基準地震動を超える地震が高浜原発には到来しないというのは根拠に乏しい楽観的見通しにしかすぎない上、基準地震動に満たない地震によっても重大な事故が生じ得るなら、そこでの危険は、現実的で切迫した危険である」。使用済み核燃料についても、「深刻な事故はめったに起きないだろうという見通しで対応が成り立っているといわざるを得ない」。

　こうした問題点を指摘した上で、安全審査の目的は深刻な災害が万が一にでも起こらないようにすることだとした伊方原発最高裁判決（1992

年）の思想を踏襲し、「新規制基準に求められる合理性は原発設備が基準に適合すれば深刻な災害を引き起こす恐れが万が一にもないといえる厳格な内容を備えていることと解すべき」とする。新規制基準は緩やかすぎるとの判断は、ここから導かれる。その上で、「新規制基準に本件原発施設が適合するか否かを判断するまでもなく住民らが人格権を侵害される具体的危険性すなわち被保全債権の存在が認められる」と述べる。

　すなわち、住民の人格権に基づき、新規制基準に適合するか否か以前に、具体的危険性があるかどうかを判断する、というわけである。この論理構成、どこかで見たことはないだろうか。約１年前に、同じ福井地裁で出された大飯原発差し止め訴訟判決である。その判決を書いた樋口英明氏が、今回の仮処分決定でも裁判長を務めているのである。

　大飯原発３、４号機は、関西電力の控訴のため差し止め判決が確定しておらず、知事の同意があれば再稼働できる状態にある。住民らは、仮処分を申し立てた上で、大飯・高浜両原発の差し止めを求めていた。樋口裁判長は、審査が先行する高浜原発についてまず判断する考えを表明。２０１５年３月には審理を打ち切っていた。

　実は樋口氏は、４月１日付けで名古屋家裁に異動した。異動計画の原案は、個々の裁判官が提出する希望勤務地・担当事務を記した「裁判官第二カード」に基づき、高裁管内の異動については主として各高裁が、全国単位の異動については最高裁事務総局人事局が立案し、両者の協議に基づき最高裁人事局が異動計画案をまとめる。最高裁は、国策に反する判決を書く裁判官を排除しようとしたのだろうか。だが新旧勤務先はいずれも名古屋高裁の管内であるため、高裁の判断により、福井地裁判事との兼務が認められる。樋口氏は、「職務代行」というかたちで、福井での最後の仕事に区切りをつけることができた。最高裁人事局も、多少は世論を気にしてこのような措置をとったのではないか、というのが新藤宗幸氏の見方である。

　新藤氏は、安倍政権の原発再稼働路線を巨大与党の牛耳る国会が牽制できないなら、国民の権利の最後の砦である裁判所に問題提起し続けてもらうしかない、という立場である。同時に、次のような見解も示す。「福

第５章　「司法は生きていた」──大飯原発差し止め訴訟福井地裁判決の波紋

島第一原発のような大事故があったにもかかわらず、樋口裁判長のような人がまだ一人しか現れていないのも現実です。下級審の裁判官の多くは今も最高裁の方を見て判決を書いているなと思います。裁判官の人事や昇級などに関する実権を握っているのは最高裁人事局だからです」。

　これが杞憂でなかったことは、わずか1週間後に明らかになる。

分かれた司法判断

　2015年4月22日、鹿児島地方裁判所は、九州電力川内原発1、2号機の運転差し止め仮処分の申し立てを却下した。同原発については、14年11月に、大飯原発に続く福島原発事故後2例目の再稼働を、鹿児島県議会が決定していた（9頁）。仮処分は、運転差し止めを求める民事訴訟の原告のうち23名（辞退により12名まで減少）が申請。訴えの認められなかった住民側は、福岡高裁宮崎支部に即時抗告した。

　仮処分申請は、高浜原発の場合とほぼ同様の手続きで行われている。すなわち、新規制基準をクリアしたと原子力規制委員会が認めた原発の、運転の是非が問われた。全く異なる司法判断が、ふたつの裁判所でほぼ同時期に下されたのである。

　鹿児島地裁仮処分決定によれば、運転差し止め却下の理由は、「新規制基準（新基準）は、専門的知見のある規制委によって策定されたもので、その内容に不合理な点は認められない」からである。過去10年間に基準地震動を超える地震が5件発生しているとしても、新基準では地域的特殊性を考慮した見直しがなされている。九州電力の調査にも、不合理は認められない。保安設備の追加配備などもなされ、「地震が原因の事故で、放射性物質が外部に放出されることを相当程度防ぐことができるというべきである」。

　こうした論法は、福井地裁の仮処分決定のほぼ裏返しである。福井地裁で強調されたが、鹿児島地裁の決定ではほぼ完全に欠落しているのが、新基準への適合性以前の問題として重視すべき住民の人格権という思想である。むしろ、司法審査は「新規制基準の内容や適合性判断が不合理かどうかという観点から行われるべき」とする。鹿児島地裁の決定が、

福井地裁のように深刻な事故が万が一にも起きない厳格さを要求するところまでは至らないのも、そのためと思われる。

　福井地裁の決定は、過去の地震の「平均像」をもとにした計算方法そのものに疑問を投げかけ、余裕の上限も超える可能性があるとしていた。鹿児島地裁は、新基準の考え方に理解を示した。科学の限界性をどう考えるかが、両者を分かつ分界線となった。鹿児島地裁の決定には、「火山の影響の可能性」と「避難計画の実効性」についての言及があるが、そこでも現状追認の傾向が見られる。

　原子力規制委員会の専門的知見に信頼を寄せた鹿児島地裁の決定は、伊方原発訴訟最高裁判決を踏襲しているといわれる。その一方で同最高裁判決は、「原子力災害は万が一にも起こしてはならない」ともしている。つまり、福井と鹿児島の両地裁は、二面性をはらんだ最高裁判決にともに依拠しながら、それぞれ別の側面を強調しているともいえよう。

混乱、それとも希望

　今後の仮処分や訴訟の行方は、注視されるべきである。私たちは、類似の原発訴訟で正反対の司法判断が出ても不思議はない時代に生きているのだから。しかもその分界線は、上級裁判所に行くほど国策に批判的な判決は出にくいという、よく知られた経験則と合致するわけでもない。

　これは時代の混迷状況だろうか。それとも、政治や社会が変わるためのひと筋の希望の光だろうか。過剰な期待はしないほうがよい。樋口裁判長のような判決を書く裁判官は少数派というのが、現状認識としては正しいのだろう。

　ここで、大飯原発差し止め判決（2014年5月）直後の、今大地晴美氏のスピーチ（65頁）を思い出そう。「私たちはこの判決を、決して、このまま埋もれさせてはいけないんです」。せっかく現れてきた変化の兆しを、生かすも殺すも私たち次第。ここに、問題の核心が集約されているように思える。

　日本の政治機構や経済・社会秩序の閉鎖性を指摘するのはたやすい。だが、それを変革する視点が伴わなければ、困難な課題を前に諦めと責

任転嫁の隘路に入り込んでしまう。ドイツといえど、司法制度が市民の側に常に寛容だったわけではなく、むしろ、地道な運動が制度の間隙を突くかたちで脱原発への道を切り開いてきたのである。日本の脱原発運動にも、司法をどのように活用するのかという戦略が求められる。確かに閉鎖的だが、時として重要な判決が出る。原告敗訴の場合でも、判決文を丹念に読み込み、脱原発側が武器にできるものが含まれるならそれを利用する。あらゆる可能性を汲み尽くして、はじめて、次のように言うことができる。「やはり司法は生きていた」。

〔追記〕
　福井地裁は、2015年12月24日、高浜原発3、4号機再稼働差し止め仮処分を取り消した。原子炉の新規制基準や耐震設計には合理性があると評価するなど、8ヶ月前に同地裁が下した仮処分とは正反対の内容である。これに先立つ22日、福井県知事は再稼働に同意しており、関西電力は、年明け後の再稼働を見越して準備を始めている。もんじゅ控訴審（名古屋高裁金沢支部、2003年）で設置許可無効の判決を下した川崎和夫元裁判官は、「鹿児島地裁の決定に続く今回の決定を見てみると、裁判所は安全神話がまかり通っていた時代に戻りつつあるのではないかという気がする」と指摘した（2015年12月25日『朝日新聞』3面）

(1) 判決要旨は、前掲『動かすな、原発』（第3章注19）の巻末にも収録されている。
(2) 前掲書46頁。
(3) 前掲書42頁。
(4) 前掲書15〜16頁。この時の判事が原発メーカー・東芝に天下っていた事実は、司法すら「原子力ムラ」の一部と思わせるに足る、とのコメントもある（高橋哲哉『犠牲のシステム　福島・沖縄』（集英社、2012年）88頁）。
(5) 『動かすな、原発』17、31頁。
(6) 前掲書27頁。
(7) 前掲書31頁。澤氏はこの見解を、高浜原発再稼働禁止仮処分の

後にもくり返している（2015 年 4 月 15 日『朝日新聞』39 面）。
(8)　『動かすな、原発』32 〜 33 頁。
(9)　前掲書 18 〜 19 頁。なお、樋口裁判長は、被告（関西電力）に対してと同様、原告に対しても厳格な態度で臨んでおり、双方に対して強い口調で指揮をする「怖い」裁判官だった、との原告側弁護士の証言もある（河合弘之『原発訴訟が社会を変える』集英社、2015 年、73 頁）。
(10)　『動かすな、原発』20 頁。
(11)　前掲書 36 〜 37 頁。
(12)　海渡雄一『原発訴訟』（岩波書店、2011 年）ⅴ〜ⅵ頁。
(13)　『動かすな、原発』3 頁。
(14)　海渡前掲書 9 頁。
(15)　前掲書 19 頁。
(16)　前掲書 28 頁。
(17)　原子力発電に反対する福井県民会議編『高速増殖炉の恐怖／「もんじゅ」差止訴訟（増補版）』（緑風出版、1996 年）も参照。
(18)　海渡前掲書 34 〜 42 頁。
(19)　磯村・山口前掲書（第 4 章注 43）152 〜 155 頁。
(20)　海渡前掲書 78 頁。
(21)　前掲書 55 頁。
(22)　前掲書 58 〜 59 頁。
(23)　青木聡子『ドイツにおける原子力施設反対運動の展開／環境志向型社会へのイニシアティヴ』（ミネルヴァ書房、2013 年）105 頁。
(24)　本田前掲書（第 1 章注 4）121、219 頁。
(25)　河合前掲書 47、56 頁。
(26)　2015 年 4 月 15 日『朝日新聞』39 面。
(27)　2015 年 4 月 15 日『朝日新聞』17 面。
(28)　新藤宗幸『司法官僚／裁判所の権力者たち』（岩波書店、2009 年）127 〜 128 頁。
(29)　2015 年 4 月 15 日『朝日新聞』17 面。
(30)　2015 年 4 月 23 日『朝日新聞』3 面。

第6章　若狭と大和の新しい絆
——原発避難相互援助計画に見る地方自治の可能性

　大和路に春の訪れを告げる奈良・東大寺二月堂の「お水取り」。それに先立つ3月2日、小浜市の神宮寺で「お水送り」が執り行われる。弓打ち神事、達陀(だったん)の行（僧が大松明(たいまつ)を振りかざす）を終え、松明行列が2キロ上流の鵜の瀬へ。護摩が焚かれ、送水神事が始まる。白装束の住職が祝詞を読み上げ、竹筒からお香水(こうずい)を遠敷川に注ぐ。お香水は、10日かけて東大寺二月堂の「若狭井(おにゅう)」に届くとされる。

　「お水送り」は、若狭と大和の深いつながりを示す伝統行事。その由来は、8世紀にまで遡るといわれる。21世紀の今、新しい絆が生まれつつある。原発がらみというのは皮肉だが、そこには地方自治を通じた政治の可能性が見てとれる。

　敦賀市役所の資料を調べていた私は、予想もしなかった地名を見出した。原発災害により全市避難せねばならない事態が発生した時の受入先として、奈良県内の4つの都市と協定を結んでいるのだ。数ヶ月後、私はその街を訪れた。

1．原発避難計画と地方自治体

市役所防災センター訪問

　2015年2月23日午前、私たち研究グループは、敦賀市役所防災センターを訪れた。冒頭の日本自治学会シンポジウムでも言及されているように、原子力災害時の住民避難は地方自治体の所轄であり、しかもその負担は非常に重い。原発に対する立場がどうであれ、直接的な経済的恩恵のある立地自治体であれ、被害だけ受ける周辺自治体であれ、この事情は変わらない。原発立地自治体の中では規模が大きく、全国原子力

発電所所在市町村協議会（全原協）事務局が置かれる敦賀は、原子力防災でも主導性を発揮すべき立場にある。避難計画はどのように策定されているのか、自治体間の連携関係はどうなっているのか、知りたかったのである。

　対応したのは、市民生活部危機管理対策課の職員。原子力防災を含む一般防災業務を担当する部署で、地域防災計画の策定や原子力防災訓練なども行う。企画政策部原子力安全対策課、総務部情報管理課、消防指令センター消防救急課とともに敦賀市防災センターを構成しており、これが同市の原子力防災体制ということになる。緊急事態発生時には、連絡・通信体制の確保、住民の避難、安定ヨウ素剤の配布などが主要業務となる。万一の事故を想定して普段からの準備が不可欠であり、そこには、住民・職員の意識啓発活動、災害対策マニュアルの整備、関係諸機関や他地域の役所との連携強化などが含まれる。

　敦賀湾を取り囲むように広がる敦賀市は、残り三方は急峻な山岳地帯により他地域と隔てられる。そこに居住する市民は約6万8000人。原発周辺に人口密集地が存在する例は（特に日本では）珍しくないが、これだけの住民を広域避難させること、そのための避難先を事前に確保しておくことは、市当局にしてみればたいへんな難問である。

　直近の原子力施設には、日本原電敦賀発電所、関西電力美浜発電所および高速増殖炉もんじゅがある。これらはいずれも敦賀半島の先端近くに立地し、敦賀市中心部からは10数キロ離れる。どこまで避難区域とすべきかは、事故の規模や内容だけでなく気象条件によっても変わってくるが、仮に、事故原発から半径10キロ以内を対象とすれば、そこに含まれるのは敦賀半島（西浦）地区と対岸の東浦地区の一部である。人口がさほど多くないため、敦賀市内または福井県内での避難者受入でこと足りる。だが、避難対象区域が当初の想定よりも広範囲に及び得ることがはからずも明らかになったのが、福島原発事故だった。

防災計画の見直し

　事故を想定したマニュアルは、以前からある。敦賀市地域防災計画

は、一般災害対策、地震災害対策、津波災害対策、原子力災害対策の4つに分かれる。その一環として「敦賀市原子力防災計画（敦賀市地域防災計画・原子力災害対策編）」(2)があり、1971年の策定以来、何度か修正を重ねている。市民向けパンフレット「もしものときの原子力防災」（2010年3月）や防災情報受信機（緊急告知機能付き防災ラジオ）も全戸配布されている。

しかし、福島原発事故の際の情報伝達体制は、万全でなかった。市町災害対策本部は、原子力発電所、オフサイトセンター、国および県から連絡を受けることになっているが、それがうまく機能せず、避難指示が伝わらなかった。スピーディ（放射性物質の大気中濃度や被曝線量などを放出源情報、気象情報、地形データをもとに迅速に予測するシステム）も、端末は都府県とオフサイトセンターのみに配備され、市町村は閲覧できなかった。

数々の反省点はあるが、福島原発事故後の最大の変更は、避難対象区域の拡大だろう。従来、国が、防災対策を重点的に行う地域としてきたＥＰＺに代わり、予防的防護措置準備区域（ＰＡＺ）と緊急時防護措置準備区域（ＵＰＺ）という概念が登場した。前者にはおおむね半径5キロ圏内、後者には30キロ圏内が含まれる（85頁）。以後、これらが避難計画策定時の基準となるが、これは敦賀市にとっては既存の防災計画の全面的見直しを意味する。ＵＰＺには、敦賀市全域とともに近隣自治体（一部は滋賀県）が含まれるからだ（次頁図7）。このような事態は一自治体の対応能力を超えており、複数の府県にまたがった避難および避難者の受入計画が不可欠となる。

福島原発事故前の「敦賀市原子力防災計画」では、防災対策を講じるべき区域は10キロ圏内とされており、住民避難に関する記述も少なかった。これでは万一の場合、住民避難に対応できないのではとの懸念が出された。そのため、2012年5月29日に策定されたのが「敦賀市原子力災害避難対応マニュアル（敦賀市原子力災害住民避難計画）」(3)である。そこには、避難対象者の世帯情報、避難実施方法、避難先受入施設（県内および県外）などが詳細に記載されている。これと並行して、「敦賀

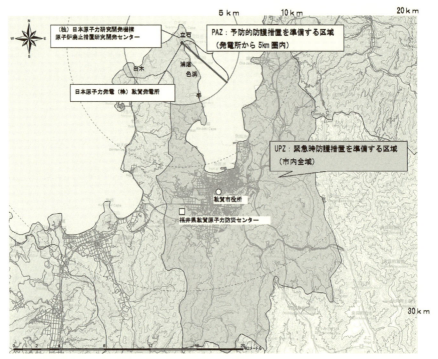

【図7】敦賀市において原子力災害対策を重点的に実施すべき地域の範囲（日本原電敦賀発電所）
出典：敦賀市原子力災害避難対応マニュアル＜敦賀市原子力災害住民避難計画＞10頁
http://www.city.tsuruga.lg.jp/relief-safety/bosai_kokuminhogo/genshiryoku_hinan.html

市原子力防災計画」そのものの改訂も進められた。2013年2月18日に設置された改訂作業部会は会合を重ね、同年6月7日には敦賀市防災会議が開かれる。こうして「敦賀市原子力防災計画」は、福島原発事故以来、最初の修正がなされた。

　つまり、ＵＰＺが原子力防災の基本概念となる中で、全市避難も視野に入れた計画の見直しが求められたわけである。こうした事態に、市当局はどう対応したのか。避難対応マニュアルには、「敦賀市の県内の広域避難施設は、小浜市、福井市とする。また、県外への広域避難施設は、奈良県奈良市、奈良県大和郡山市、奈良県天理市、奈良県生駒市とする。地区ごとの詳細な避難施設は資料編を参照のこと」とある。2013年10月7日には、敦賀市長がこれら4都市と奈良県庁を訪問し、受入協力

への謝意を表明している(5)。

これには意表を突かれた。私は市役所の担当者に質問する。なぜ奈良県なのか。従来敦賀は、これらの都市とはほとんど交流関係はなかったはずなのに。その答えは次のようなものだった。「奈良県が手を上げてくれたのです。先方の親切な対応にはとても感謝しています」。

この時点で私は、一刻も早く奈良県へ調査に行かねばならないと考えていた。だがその前に、このような協力関係が生じるに至った経緯を、県レベルでの協定文書等も参照しつつ明らかにしておく必要がある。

広域避難、その時どこへ

国の基本方針が都道府県（または地域連合）レベルで大まかに検討され、市町村で細部に至る具体的計画が策定される。このような系統的で、見方によっては上意下達的な政策体系が、常に望ましいと主張するつもりはない。市町村レベルの取り組みが広域ネットワーク化していくこともあり得る。それにもかかわらず県レベルの協定と市町村の方策との対応関係を見ておくことは、政策体系の全体像を把握する上で有益だろう。

福井県のウェブサイトには、同県危機対策・防災課等の管掌する災害時応援協定等の一覧表（2015 年 5 月現在）が掲載されているが、広域応援関係は 9 件ある。そのうち東日本大震災（福島原発事故）以後のものは、全国知事会と締結した「全国都道府県における災害時等の広域応援に関する協定書」（2012 年 5 月）、「近畿圏危機発生時の相互応援に関する基本協定」（2012 年 10 月）、「福井県・石川県災害時等相互応援に関する協定」（2014 年 6 月）、「福井県・奈良県災害時等相互応援に関する協定」（2014 年 6 月）の 4 件である(6)。

敦賀市の広域避難計画と直接関係するのは、福井県・奈良県災害時等相互応援に関する協定である。この協定は、「福井県または奈良県（以下「両県」という。）において、災害等が発生し、被災県単独では十分に被災者の救援等の応援が実施できない場合に、被災県が他の県に応援を要請する応急措置等を円滑に遂行するため、必要な事項を定める」ものである（第 1 条）。つまり、災害一般を対象とした両県の相互援助協

定で、全11条の簡単なものである。原子力災害に固有の内容としては、「応援の種類」を定めた第4条2項に、次のような言及がある。「原子力災害における応援の種類は、前項に定めるもののほか、以下のとおりとする。(1) 平常時における、原子力防災に関する情報の提供、普及啓発、研修の実施等。(2) 原子力災害時の避難受入にかかる関係市との調整等の協力」。

　協定締結時の、奈良県側の報道資料が興味深い[7]。「大規模災害等に対する両県の連携事例」がふたつ挙げられている。ひとつは、2011年9月の台風12号災害（紀伊半島大水害）において、福井県から奈良県災害対策本部へ防災関係職員の派遣、救援物資の搬送等がなされたこと。もうひとつは、「平成25年4月より、福井県からの依頼に基づき、原子力災害時における敦賀市民の避難先について、奈良県が県内4市（奈良市、大和郡山市、天理市、生駒市）と調整を行い、平成26年2月に、避難先となる避難施設を決定」したこと。後者の事例は、前者と異なり、実際に行われた災害救援ではないし、ことの性格上片務的な救援活動とならざるを得ない。災害全般に関わる相互援助協定であることを強調しながら、原子力災害の特殊性を念頭に置き、メディアの関心もその点に集中するであろうことを想定した対応がなされている。

　ここに記された経過説明は、この時期敦賀市で原子力防災計画の改訂作業が行われ、奈良県4都市の協力により県外避難先を確保できたという事実とも符合する。2014年2月26日には、関係5市の間で「原子力災害時等における敦賀市民の県外広域避難に関する協定書」が結ばれた。受入期間は原則として1ヶ月以内だが、「ただし、原子力災害の状況、避難人数の規模、避難施設の利用状況等を踏まえ、避難受入市が、敦賀市、奈良県及び福井県と協議して決定する」（第4条）。

　奈良県との協定締結に先立つ2014年3月、福井県は、「福井県広域避難計画要綱」を発表する。この文書は、「福井県原子力防災計画第2章第1節第6の規定に基づき、原子力災害対策重点区域を包括する市町（以下「関係市町」という。）の住民が行う原子力事業所から30km圏外への避難（以下「広域避難」という。）が迅速かつ円滑に行われる

よう、広域避難先、避難ルート、避難者の輸送手段等を定めるものである」。地域コミュニティの確保と行政支援継続の観点から県内避難を基本とするが、「念のために二次的な避難先として、県外における避難先を定める」。本文そのものは13頁とさほど長くないが、関係市町の地区ごとの詳細な情報(受入先避難施設名も含む)が、別表として付される。敦賀市原子力災害避難対応マニュアルにもそのような表があるが、県内すべての関係市町について集約するのだから、情報量は膨大になる。

　各市町ごとの避難先は、表2のとおり（31頁の図3、および170頁の図8も参照）。敦賀市の県外避難先は奈良県の4都市だが、福井県嶺南地方の4市町（若狭町、小浜市、おおい町、高浜町）の場合には、兵庫県が県外避難先となっている。美浜町は、原発立地なのに県外避難先の設定がない（！）。人口が少ないから差し支えないとの判断だろう

関係市町の広域避難先

避難対象市町	県内避難先	県外避難先
敦賀市	○福井市、小浜市	○奈良県 ・奈良市、大和郡山市、天理市、生駒市
美浜町	○おおい町 ○大野市	
若狭町	○越前町	○兵庫県 ・篠山市、丹波市 ・西脇市、小野市、三木市、加西市、加東市、多可町
小浜市	○鯖江市、越前市	○兵庫県 ・豊岡市、養父市、朝来市、香美町、新温泉町 ・姫路市、市川町、福崎町、神河町
おおい町	○敦賀市	○兵庫県 ・伊丹市、川西市
高浜町	○敦賀市	○兵庫県 ・宝塚市、三田市、猪名川町
南越前町	○永平寺町	
福井市	○福井市内※	
鯖江市	○坂井市、勝山市	○石川県 ・加賀市
越前市	○坂井市、あわら市	○石川県 ・小松市、能美市
越前町	○坂井市	
池田町	○大野市	

※30km圏外の福井市内に避難

【表2】福井県のＵＰＺ圏内市町の広域避難先（県内、県外）
　出典：「福井県広域避難計画要綱」16頁
http://www.pref.fukui.jp/doc/kikitaisaku/genshiryoku-saigai_d/fil/hinannyoukou.pdf

か。だが、県外避難先とは、気象条件その他の理由により県内避難では十分でなくなった場合に備え、「念のために二次的に」定めるものである。人口規模が、県外避難先を必要としない理由にはならないはずである。

　嶺北地方の3町（南越前町、越前町、池田町）は県内避難先のみの設定だが、比較的人口の多い2市（鯖江市、越前市）は石川県を県外避難先とする（奈良県との協定締結と同日、石川県とも協定が結ばれている）。福井市は一部がＵＰＺ圏内だが、市内での避難で対応できるため、市外の広域避難先は設定されていない。原発から距離のある市町（あわら市、坂井市、大野市、勝山市、永平寺町）については、県内、県外とも避難先の設定はなく、もっぱら受入側として避難計画に参与する。

ネットワーク型政策形成

　一連の広域避難計画策定の発端は、ＵＰＺ概念の登場が国の政策指針を変容させたことであり、明らかに原子力災害を意識した災害対策基本法の改正（2013年6月）である。敦賀市の広域避難計画のケースでいえば、国レベルの政策アジェンダ変更に奈良県が反応し、その要請を受けた同県内4市が具体化の準備をした。見方によっては上意下達型の政策体系が、結果的に生じたわけである。

　その一方で、市町レベルでの具体策の積み上げという側面もある。実際に広域避難計画を立案し、避難先を見つけるのは市町村の業務だった。避難者を受け入れ（られ）るか否かは、要請を受けた自治体の個々の判断に委ねられる。原発立地市町は、相手先市町村の協力に支えられて広域避難先を確保することができた。いわば、ネットワーク型の政策形成が進行していた。

　県等は、自ら避難者を受け入れるのではなく、市町村間で広域避難協定を締結する際の調整役に徹した（少なくとも敦賀市の場合はそうである）。福井県・奈良県災害時等相互応援に関する協定は、一連の政策過程の最終段階に位置する。それ自体は災害全般に関する相互援助協定であり、原子力災害に固有の問題はごく一部で言及されるにすぎない。だが、そこに至るまでに市町や各県での政策策定や、市町間の協定締結の

積み重ねがあった。その集大成が原子力問題に言及したわずかな一節であり、そのような文言を含む福井県・奈良県災害時等相互応援に関する協定は、日本の原子力政策史上、エポックメーキングなものである。

全国的に見れば、広域避難計画は十分とは言えない。日本原電東海第二発電所の30キロ圏内に最多の人口を抱える茨城県（11頁）では、市町村ごとの住民避難計画が策定されていない（できない）。避難計画の実効性を疑問視する原水爆禁止日本国民会議（原水禁）などからの批判もある。2015年7月の調査では、全国の原発30キロ圏内の医療機関と福祉施設の約半数で、避難計画が作られていないことがわかった。曲がりなりにもこの分野で先鞭を付けた福井県だが、実際にうまく機能するかどうかはわからない。というより、原子力災害はあってはならない。あくまでも、万に一つ広域避難計画を発動せねばならない事態に備え、平常時からやっておかねばならない取り組みのひとつなのである。

具体的にはどのような取り組みがなされているかについて理解するためにも、避難者受入自治体の側からの考察は不可欠だろう。

2．広域避難と地域間交流

奈良県訪問

敦賀駅を出た列車は、どちらに向かうにせよ、まもなく長大トンネルに進入する。険しい山に隔てられた土地に育った人には、平坦地の真ん中で市が境を接しているのはカルチャーショックかもしれない。京都からの近鉄電車が、緩やかな丘陵地帯を縫って府県境を越えると、そこには奈良盆地が広がる。

2015年6月2日、私は、原発災害時の県外避難先として敦賀市と協定を結んでいる奈良県4都市のうち、奈良市と生駒市を訪問した。まず、4市の概要を見ておこう（各市の人口は2015年5月現在のもの）。

奈良は言わずと知れた日本の古都である。平城京に都が置かれた奈良時代、シルクロードの終着点でもあったこの地に、国際色豊かな天平文化が花開いた。歴史的建造物や文化遺産が豊富にある。現在の奈良市は、

約36万3000の人口を擁する県庁所在都市である。県内では唯一、中核都市の指定を受け、全国45市からなる市長会会長を奈良市長が務めている。地域の産業の中心だが、大阪などに通勤する人も少なくない。

大和郡山市は、人口約8万9000人。古くからの城下町で、大和国の中心だったこともある。1954年に生駒郡郡山町から改称し、市制施行される。

【写真18,19】奈良市役所（上）と大和郡山市役所（下）（筆者撮影）

江戸時代よりの金魚の養殖がさかんで、市のシンボルにもなっている。高度経済成長期にはメーカーの工場が誘致され、工業団地を形成している。

天理市は人口約6万7000人で、敦賀市とほぼ同規模。大和郡山市と同様、市制施行は1954年。一帯に天理教が普及しており、教団の関連施設も多かったことから、この市名になった。宗教都市の側面も有するが、全体的に見れば農業地帯である。大阪に近いという地理的条件もあり、新興住宅地の開発も進んでいる。

生駒市は人口約12万人。大阪府と京都府に境を接することから宅地開発が進み、県外通勤者の割合が全国で最も高いとのデータが出たこともある。ベッドタウンのイメージとは裏腹に、小高い山や丘が点在する生駒市は、自然に恵まれているが平地に乏しい。町制施行により生駒郡生駒町が誕生するのは、1921年。戦後、周囲の村の編入などを経て、

生駒市となるのは 1971 年のこと。市内北部と中南部の行き来は必ずしも容易ではない。急激なベッドタウン化も、近鉄奈良線の新生駒トンネルの開通（1964 年）で大阪方面への輸送力が増強されたのによるところが大きい。もともとは生駒聖天・宝山寺の門前町として発展。生駒山頂へは、日本で最初に作られたケーブルカーで登ることができる。伝統工芸品に指定された「高山茶筌」をはじめ、竹製品の製造もさかんである。

　生駒市議会は、福島原発事故から半年後の 2011 年 9 月 21 日、地方自治法第 99 条の規定に基づき「原子力発電を前提としないエネルギー政策への転換を求める意見書」を提出した。原発災害県外避難の受け入れとの間に直接的な関係があるわけではないが、市民・議員の原子力問題への関心の高さを示すものとして銘記されてよい。意見書の中には、次のような文言がある。「現在、生駒市から約 100 キロメートル圏内に、美浜原子力発電所や敦賀原子力発電所があり、敦賀原子力発電所 2 号機原子炉は、活断層から 200 メートルのところで運転をしている。そこで重大事故が起これば、生駒市も極めて重大な危険にさらされることは容易に想定できる」。ちなみに、生駒山地の近くには断層帯があり、地震発生の可能性も指摘されている。他人事ではなかったのかもしれない。

　敦賀市との協定締結時に生駒市長を務めていた山下真氏は、「脱原発をめざす首長会議」に参加していた。同氏は、奈良県知事選挙に立候補するため、2015 年 2 月 26 日、市長職を辞任。今回の私の生駒市役所訪問では、山下氏にも同席してもらった。

避難先自治体と広域行政機構

　原発災害避難者の受け入れを決定した自治体では、どのような議論が交わされ、実施に向けどのような方策がとられた（とられる予定）のだろうか。参考事例として、2014 年 2 月 25 日に開かれた、平成 25 年度第 1 回生駒市防災会議を見ていこう。そこでは、危機管理課長が報告した 4 案件をめぐり議論がなされたが、そのうちのひとつに「福井県における原子力災害発生時の広域避難者の受け入れについて」というも

のがあった。

　まず、生駒市が敦賀市からの県外避難を受け入れることになった経緯が説明される。避難者受入についての打診が福井・奈良両県を通じて2013年5月にあり、受入施設、スクリーニング、除染等について協議が進められてきた。その上で、次のように言う。「県外広域一時滞在、県外広域避難の受け入れに関する根拠法令は、災害対策基本法第86条の9第5項にその規定があります。『前項の場合において、協議を受けた市町村長は、被災住民を受け入れないことについて正当な理由がある場合を除き、被災住民を受け入れるものとする。この場合において、都道府県外協議先市町村長は、都道府県外広域一時滞在の用に供するため、受け入れた被災住民に対し避難所を提供しなければならない』とされています。ここでのポイントですが、『正当な理由がある場合を除き』ということで、生駒市も被災を何らかで受けている、あるいは災害対策本部を立ち上げて対応しているというようなときには、当然特別な理由に該当しますので、通常の想定は敦賀の原発の単独事故等に限られてきます。奈良県側は通常の生活状態にあるときのことです」。

　改正された災害対策基本法にいう広域避難は原子力災害に限定されないが、それを念頭に置いていることは経緯からして明らかである。そうした国の指針に基づき、県を通じて被災住民受入を要請されたなら、正当な理由がある場合を除きそれを拒めない。生駒市はその責務を忠実に遂行しているのみ、という論法である。

　とはいえ、敦賀市からの避難者受入先となっているのは、奈良県内4都市のみである。「打診」があった時点で、受入先自治体側から何らかの意思表示がなされたと見るのが順当だろう。逆の言い方をすれば、これ以外の自治体は受入先となっていない。自治体側は、断ることもできたはずである。

　敦賀市以外の場合はどうか。

　2012年10月に福井県、滋賀県、京都府、大阪府、兵庫県、奈良県、和歌山県、三重県、徳島県、関西広域連合の間で締結された「近畿圏危機発生時の相互応援に関する基本協定」のことを思い出そう。県外避難

先を探すのに、福井県がこの枠組みを利用したと考えるのは自然なことである。原子力災害広域避難の調整役としてもうひとつの重要な主体は、関西広域連合である。関西広域連合広域防災局は、2014年3月、「原子力災害に係る広域避難ガイドライン」を発表し、敦賀市以外の福井県嶺南地方1市3町については兵庫県を、滋賀県北部の2市については大阪府を、京都府丹後地方の5市2町については兵庫県および徳島県を、

【避難元市町・避難先市町村マッチング結果】　　　※人口は100人未満を四捨五入。

避難元府県	避難元市町	対象人口(人)	避難先		
			府県	地域	市町村
福井県 (嶺南西部) 1市3町 66,900人	小浜市	31,100	兵庫県 (4市5町)	中播磨	姫路市、市川町、福崎町、神河町
				但馬	豊岡市、養父市、朝来市、香美町、新温泉町
	高浜町	11,000	同(2市1町)	阪神北	宝塚市、三田市、猪名川町
	おおい町	8,700	同(2市)	阪神北	伊丹市、川西市
	若狭町	16,100	同(7市1町)	北播磨	西脇市、三木市、小野市、加西市、加東市、多可町
				丹波	篠山市、丹波市
(嶺南東部)	敦賀市	(68,300)	奈良県		奈良市、大和郡山市、天理市、生駒市
滋賀県 2市 57,600人	長浜市	27,600	大阪府 (19市6町1村)	大阪市	
				泉北	堺市、和泉市、高石市、泉大津市、忠岡町
				中河内	八尾市、東大阪市、柏原市
				南河内	松原市、藤井寺市、羽曳野市、河内長野市、富田林市、大阪狭山市、太子町、河南町、千早赤阪村
				泉南	岸和田市、泉佐野市、貝塚市、泉南市、阪南市、熊取町、田尻町、岬町
	高島市	30,000	同(15市3町)	大阪市(再掲)	
				豊能	豊能町、能勢町、池田市、豊中市、箕面市
				三島	吹田市、高槻市、茨木市、島本町、摂津市
				北河内	枚方市、守口市、門真市、寝屋川市、大東市、四條畷市、交野市
			和歌山県	※予備枠	
京都府 5市2町 128,500人	福知山市	600	兵庫県(1町)	西播磨	上郡町
	舞鶴市	89,000	同(4市)	神戸市	
				阪神南	尼崎市、西宮市
				淡路	淡路市
			徳島県 (1市2町)		鳴門市、松茂町、北島町
	綾部市	9,300	兵庫県 (4市2町)	西播磨	相生市、赤穂市、宍粟市、たつの市、太子町、佐用町
	宮津市	20,300	同(3市)	東播磨	明石市、加古川市、高砂市
	南丹市	4,200	同(2市)	淡路	洲本市、南あわじ市
	京丹波町	3,500	同(1市)	阪神南	芦屋市
	伊根町	1,600	同(2町)	東播磨	稲美町、播磨町
			徳島県	※予備枠	
計(避難元市町数計8市5町)		253,000	避難先市町村数計63市23町1村　※予備枠を除く。 [内訳]大阪府33市9町1村、兵庫県29市12町(全市町)、徳島県1市2町		

(注) 福井県嶺南東部→奈良県のマッチングは、福井県が奈良県と直接協議して調整。本表では関西圏域への広域避難の全体像を示すため参考として掲載(計には入れていない。)。

【表3】関西広域連合の広域避難計画における府県外避難先市町村マッチング結果
出典：関西広域連合広域防災局「原子力災害に係る広域避難ガイドライン」5頁
http://www.kouiki-kansai.jp/data_upload01/1404096624.pdf

【避難元及び広域避難（府県外避難）先の全体像】

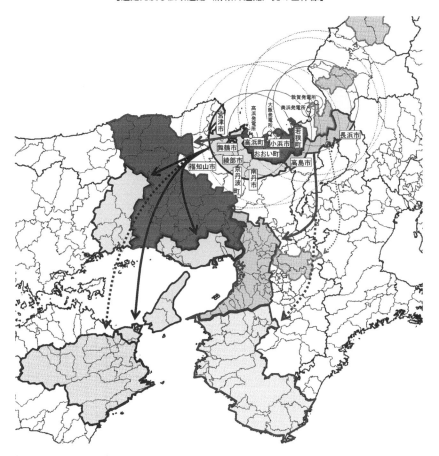

【図8】関西広域連合の広域避難計画における府県外避難先の全体図
出典：関西広域連合広域防災局「原子力災害に係る広域避難ガイドライン」6頁
http://www.kouiki-kansai.jp/data_upload01/1404096624.pdf

それぞれ府県外避難先とする計画案をまとめた。避難対象者は約25万3000人（敦賀市民を除く）、避難先は大阪、兵庫、徳島の3府県63市23町1村に及ぶ（前頁表3、図8）。

　すなわち、関西広域連合と（関西広域連合未加入の）奈良県がそれぞれ調整活動を行うことで、結果として、福井県およびその隣接府県のUPZ内市町をほぼ網羅する広域避難リストが完成した。このような大が

かりな計画策定は、個々の府県単独ではなし得ない。関西広域連合が介在することで、はじめて可能となった。関西広域連合への加盟は、奈良県知事選挙（2015年4月）の争点のひとつだった。

生駒市防災会議での県外避難受入に関する報告は、翌日に敦賀市との間で協定を締結することを述べた上で、次の言葉で締め括られる。「本市市民の混乱及び避難者の風評被害が起きないよう、来年度から時間をかけて原子力災害についての市民への啓発等を行っていく予定です」。質問や異議は議事録に記載されておらず、この件はすんなりと了承されたと考えられる。

避難受入側の懸念

しかし、原発事故に伴う広域避難受入計画など前例のない試みである。規模が大きいだけでなく、一般災害と異なる特殊性もある。

避難対象者は、敦賀市だけでも6万8000人に上る。これだけの大人数になると、受入側の負担も非常に大きい。最大で4万人を受け入れる予定の奈良市の場合、市の危機管理課職員の説明によれば、県から打診があった際の懸念材料は市の受入能力だった。被災者に一時避難所を提供することに、総論として異論が出るわけはない。とりあえず大枠としての受入人数を決めたが、今後、具体的対応をシミュレーションする中でさまざまな問題が出てくる可能性は否定できないという。例えば、救援物資や駐車場の確保はどうするのか。敦賀市役所の業務スペースは。避難所の運営は敦賀市が行うにしても、地域（町内会、自治会など）の理解と協力が欠かせない。

上述の生駒市防災会議での報告には、その種の懸念や不安を念頭に置いたであろう言及がある。第一に、生駒市側の受入能力について。同市への避難者の割り当ては約1万人だが、福島原発事故の際は親戚・知人宅に避難した者が3分の2程度いたので、実際には1万人すべてが生駒市に来ることはないと考えられる。それでも、避難施設は受入人数分、しかも避難元コミュニティ保全の観点から地域毎に確保する。

第二に、受入期間について。原則として1ヶ月以内で、その間の運

営主体は基本的に敦賀市である。第三に、スクリーニングと除染等について。スクリーニングには、被災者自身を守るとともに、第三者への被曝を防ぐというふたつの意味がある。30キロ圏を出た辺りで実施するよう求めているが、その基準・方針等は国側の検討結果を待つとのこと。

　おそらく最大の懸念は、避難生活長期化の可能性である。被災地の除染には長期間を要し、除染が完了しても住民を帰還させるのが望ましいのかどうかもわからない。これは通常の災害にはほとんど見られない、原子力災害の特殊性である。「原子力災害時等における敦賀市民の県外広域避難に関する協定書」の第4条には、受入期間は原則として1ヶ月以内だが、状況次第では協議の上で決定する旨の規定がある。1ヶ月経過した後は受入自治体に責務はないが、帰還ないしは二次的な避難施設への移行がスムーズに行い得るかは、保証の限りでない。

自治体の善意に頼りすぎないこと

　もちろん当事者は、承知の上である。「脱原発をめざす首長会議」は、メンバーである現職首長の自治体約70団体に対し、アンケート調査（2014年3月19～31日）とヒアリングを実施しているが、そこには山下生駒市長（当時）の回答もある。同氏は、スクリーニングおよび除染についての国の方針が不明確であることと並び、「受け入れ期間が長期化する場合、学校運営（避難住民の子どもも含む）をはじめ、避難所としている施設の運営の問題がある。仮設住宅の問題もある」とする。その上で、「国は大きな方針を示すだけでなく、細部の対応策についても積極的に示すべきである。都道府県・市町村間の調整をここ（ママ）に委ねていては、地域性、財政力の差から大きな差が生じる。国策として原発を稼働させるならば、有事の際の対応についても国が責任をもって細部にわたり示すべきと考える」との見解を示す[11]。

　これは問題の核心を突いている。そこまで地域に負担を強いるのなら、そもそも原子力発電などやるべきでない、少なくとも現下の問題が解決されるまでは再稼働を認めるべきでない、というのは正論だろう。だが、広域避難の問題が現実に存在する以上、対応策を考えておかねばならな

い。一時避難は本質的解決でない、という批判は一面的である。たとえ1ヶ月でも避難先を確保できることを評価した上で、中長期的観点から次の方策を考えていかねばならない。

　ここから浮かび上がるのは、国策としての原発推進政策の根本矛盾である。原子力行政のひずみが露わになった今、善意の地方自治体の負担によりそれを取り繕っている。地方には活力があり、地方自治は大きな可能性を秘めている。だが、誤った国の政策が地方に負担をかけ続けると、結局は地方の力を枯渇させてしまう。

　受入側市町村は、自らの対応能力を超える避難者受入はできない。受入規模と対応範囲をあらかじめ明らかにしておくことが、危機管理対策には不可欠である。大枠の受入計画が行政側のデスクプランの域を出るものでない現状では、住民向け広報や啓発活動には時期尚早だともいわれる。その意味で、奈良県4都市による広域避難者受入計画は、注目に価する先進事例ではあるが、非常に限定された範囲での現実的対応というべきである。

もう始まっている住民交流
　広域避難に際して行政がなすべきは、避難所の確保、輸送手段の手配、避難生活に必要な物資の調達などである。原子力災害の場合には、スクリーニングや除染などが加わる。だがそれだけでは十分でない。一時的な滞在ではあれ、大人数の「よそ者」がやってきて、地域住民と接触するわけである。無用な摩擦により緊張が高まることは回避されねばならない。生駒市防災会議の報告にある、風評被害の防止や住民の啓発がそれにあたると考えられるが、この方面での対策はどのように進められているのだろうか。

　奈良県4都市と敦賀市との間には、これまでほとんど交流関係はなく、住民はお互いのことを知らないのが実情だろう。さりげない情報提供やイベントにより、親近感を高めることが先決である。奈良市のウェブサイトでは、敦賀市との関係は都市間連携のひとつと位置づけられる[12]。住民間の活発な交流を始めているのが、生駒市である。2014年9月の敦

賀祭りには、ブースを出展するとともに、同市のご当地キャラ「たけまるくん」(写真19)がパレードに参加している。同年10月には敦賀市で、2015年1月には生駒市で、物産品の販売や観光ＰＲを行うイベントが開かれた。生駒市の「青空市場」では、奈良県に海がないこともあってか、敦賀の海産物は好評だったという。

原子力災害を想定した広域避難計画が発端というのは皮肉だが、このようなかたちで住民間の交流が生まれるのは興味深い。単なる危機管理だけでなく、経済振興や観光ＰＲも視野に入れている。もちろん、受入側の負担は看過されてはならない。そしてそれは、それだけの負担をしてもなお原子力発電を続けるべきか、という問いにまで行き着く。

【写真19】生駒市のご当地キャラ「たけまるくん」は2014年9月の敦賀祭りパレードにも参加している（生駒市役所にて筆者撮影）

生駒市役所で、次のような言葉を聞いた。「原発で作られた電気を使わせてもらっているのだから、万一の際には、せめて一時避難所を提供するぐらいのことはしないと」。もちろん、すべての市民、政治家、職員の意識がここまで高いとは限らない。だがここには、原発立地で反原発運動を続ける人を悩ませてきたかの難問、消費地元との連帯をいかに作り上げるかという課題の解決への糸口が、萌芽的に示されている。

上述のように、電力の「消費地元」では、原発立地の実情にはともすれば無関心になる（88～89頁）。だが、両者の対立をあおるような議論は避けられねばならない。広域避難の問題が、電力消費地の住民も含め、今後のエネルギー政策のあり方をめぐる広範な議論のきっかけになるのではないか。そうした地方からの議論の積み重ねが、国の政策を変えていくこともあり得よう。これは、「行政とは国法の執行」という、国法による官僚主導の近代化をめざした集権型国家統治の弊害を克服し、自治・分権型に政治・行政を再構築していく試みでもある。

3. 地方自治論の新展開と脱原発社会

地方分権改革

2000年、地方自治法が改正され、明治以来の官治・集権のトリックだった「機関委任事務」方式が廃止される。「2000年分権改革」を、国家統治型から市民自治型（図9参照）へと日本の政治・行政を転換させる画期的な一歩として評価するのは、松下圭一氏である。

松下氏は、このような改革が必要となった背景を次のように解説する。先進国は、工業化・民主化の進展とともに「農村型社会」から「都市型社会」へと移行する。都市型社会では、農村型社会の共

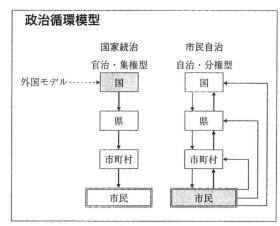

【図9】松下圭一氏の政治循環模型
出典：松下圭一『現代政治＊発送と階層』149頁

同体は崩壊しているため、個々の市民は、社会保障、社会資本、社会保険の最低水準をシビル・ミニマムとして保障されない限り、生活できない。そのため政府を構築し「公共政策」を行うわけだが、問題はその際の信託関係の重層性である。市民は、第一に基礎自治体（市町村）を、そしてここで取り組めない課題のために広域自治体（都道府県）を作る。それでも解決できない公共課題の解決・補完のために国レベルの政府を選挙・納税を通じて創出し、さらに間接的だが、国が「選挙・納税」して構成する各種の国際機構も不可欠となる。このように、市民が自治体、国、国際機構へと、順次、権限・財源を補完しながら信託しているのが、「複数信託論」という理論モデルである。(15)

公共課題解決の役割を第一義的に担うのが地方自治体なら、そこには

より多くの権限と財源が配分されるべきである。実際には分権改革が20年以上遅れたため、縦割り省庁を基軸とする政官業癒着が政治・行政の肥大・硬直、さらには借金増による国、自治体の財政破綻を招くこことなった。「やらざるを得ない」状況に追い込まれての分権改革ではあったが、国法および通達・補助金に縛られ思考停止状態に置かれていた地方自治体は、政治・行政の責任を持つ「政府」となった。こうした変化に対応するには、「法務」および「財務」の改革が不可欠となる。

　自治体法務の自立は、自治体再構築をめざす。そして「市民主権」による自治体再構築の帰結として、自治体条例が国法の改革を促すという循環が、市民自治型のかたちをとって進行する。自治体再構成のもうひとつの側面である財務改革は、しかしながら、痛みと反省を伴う。官治・集権構造の下、最後は国が面倒を見てくれるという甘えが常に存在し、自治体側からの圧力と国の政治家官僚によるバラマキとが相まって財政破綻が引き起こされてきたからである。日本が今後直面する、低成長と少子高齢化の下での税収減は、自治体合併によっては解決しない。自ら財政責任を担う個別自治体では、シビル・ミニマムという政策公準の再評価と、「景気対策」の名で借金を水膨れさせてきた従来の政策・組織・職員の再編（スクラップ・アンド・ビルド）が不可避となろう。

　自治体再構築は、単なる行政機構再編成にとどまらない。政治主体は市民であり、行政組織はその代行機構にすぎない。松下氏によれば、こうした「基本構造」を市民が各自治体で明示するのが、自治体基本条例の重要な意義だという。[16]市民活動は「可能性の海」であり、市民活動が活性化するほど行政は縮小するというふうに、市民と行政の間には緊張をはらんだ関係がある。ただし、市民活動の批判・参画型熟成には時間がかかる。日本は、欧米とは異なり、自由・平等、自治・共和の記憶を「古典」というかたちで持っていない。市民文化を高める自己訓練や模索は、文化水準または品性・力量としての「市民性」の問題である限り、市民活動の中でのみ醸成される。

　地方自治を切り口として日本政治や現代デモクラシーを問い直す議論は、刺激的である。だがそれは、本書のテーマである原子力政策とどう

関わるのだろうか。松下氏は、議論の末尾付近で次のように述べる。

「古代律令政治にはじまる日本の官治・集権政治の伝統を再編する明治国家以降、〈市民自治〉という発想は育たず、ムラ＋官僚組織という図式のたえざる再生のなかで、戦後も〈国家統治〉となっていました。このムラは、第一のムラ＝農村共同体、第二のムラ＝都市の町内会や業界団体、第三のムラ＝企業・行政における職場のムラとしてたえず再生し、さらに第四には国規模のムラとしての「国家観念」、実態は省庁縦割・官僚中軸の「政官業複合」による前述の《官僚内閣制》へのマス型同調としてのマス・デモクラシーとなります。これでは、都市型社会で構造必然となった、市民自治から出発する《分権化・国際化》に、日本の個々人から政治家・官僚それに理論家にいたるまで、対応できないのは当然です」(17)。

松下氏の議論は、原子力問題を直接の対象とするわけではない。それにもかかわらず、ボキャブラリーといい、指摘されている問題構造といい、何と類似していることか。本書の冒頭に掲げた疑問を思い出そう。原子力政策は国政レベルの選択の問題であり、地方自治の文脈にはなじまないのではないか。国策のひずみを地方が肩代わりさせられている構造を無視した議論は、有効性に乏しいばかりか、責任の所在をあいまい化しかねないのではないか。今や、次のように言うべきだろう。原子力政策が官治・集権型政治の産物なら、それを批判的に問い直し新時代の市民文化形成について思考する地方自治論の新展開は、脱原発社会の構築を考える上でも不可欠の視点を提示する、と。

中央集権的思考を超えて

原子力発電は、典型的な大規模集中型エネルギー供給システムであり、中央集権政治と親和的である。高度経済成長期にはそれが選好された。ポスト産業時代には、小規模分散型エネルギー源（再生可能エネルギーなど）や地域単位で余剰電力を融通するシステム（スマートグリッド）が注目される。これは単に技術的、ないしは経済発展モデルの問題にとどまらない。

【写真20】東日本大震災1周年の2012年3月11日、ドイツ・ブロックドルフ原発前で行われた脱原発デモ（筆者撮影）

　ユダヤ系ドイツ人ジャーナリスト・著作家のロベルト・ユンクは、反ナチ抵抗運動から出発し、反核・反原発運動に多大な足跡を残した。何度か広島を訪れて原爆の惨禍を欧米社会に伝えるとともに、日本でも知られた存在となっている。当初、彼は原子力の平和利用に表立って反対しなかったが、各地での交流や経験を通して反原発に舵を切る。ついには、北ドイツ・ブロックドルフ原発（写真20）建設予定地近くのイツェホーエの集会（1977年2月）で、「原子力国家」という言葉を提起。演説の最中に「ナチ親衛隊国家」との連想で唐突に思い浮かんだとのことだが、その後、民主主義を崩壊させるテクノクラシー・科学技術エリート独裁という、ファシズムと原子力の平行関係を示す用語として定着する。[18]

　1977年5月には、ザルツブルクでの「核のない未来のための国際会議」開会の辞で、反体制研究者に精神的・物質的援助を提供するための基金の創設を提案。[19]ほぼ時を同じくして、独誌『シュピーゲル』に論説「千年の原子力帝国」が掲載される。この標題が、ナチスの千年王国を連想させることは言うまでもない。反原発運動のバイブルとなる『原子力帝

国』は、この論説を敷衍したものである。同書の日本語版まえがきの中で、ユンクは言う。「市民が原子力をさらに拡大することを許すならば、それは、民主主義的な権利や自由がすこしずつ掘りくずされることを認めたことになる。一見論理的で合理的なテクノクラートを前提として成り立つ新しい専制政治を阻止することは、市民が、原子力産業に反対する闘争を、たんに健康や環境保全のための闘争としてだけではなく、自由のための闘争としても、つまり不信ではなく信頼と連帯にもとづく人間関係を守り抜く闘争として理解することによって、初めて可能なのである」[20]。

原発の危険性は、放射能汚染や周辺住民（労働者）の健康被害にとどまらない。国家機密と専門性に阻まれて民主的コントロールの及ばぬ領域が生じ、超管理社会が現出するなら、市民的自由が脅かされる。近代市民革命以来の知的伝統が息づきファシズムの記憶も生々しい欧州（特にドイツ語圏）で、ユンクのディストピアが受け入れられる素地はあった。中央集権主義と親和的な原子力発電というのは、今日に至るまで、原発に反対する人々の重要な論拠になっている。

欧州の反原発運動にこのような論理が貫かれていることは、政治的文脈と知的伝統を異にする日本では、見過ごされがちだったかも知れない。だが、地方自治論の文脈で市民文化の重要性が語られるようになって、市民と行政との緊張をはらんだ関係が注目されるようになった。

日本は近代化の過程で、東京一極集中(中央集権)体制の下で強力に経済発展を推し進めてきた。市民社会や社会運動が脆弱だったという意味では、いくぶん開発独裁型の要素も具備しているといえる。中央集権的思考様式の脱構築が必要なのは、政治学研究や制度機構だけではない。新しい社会運動や環境保護運動にもそのような傾向が内在するとすれば、自らの軌跡の批判的検証を通じた脱原発社会の再構築が求められる。

沖縄米軍基地問題とのアナロジー

東京一極集中（中央集権）は、経済成長を至上命令とする限り、非常に効率がよい。だがそれは、中央と地方、男性労働者と専業主婦などと

いった分断・差別を前提とした長時間労働の上に成り立つ繁栄だった。そのような生き方や働き方を、今後も続けるのか。私たちのライフスタイルや価値観とも関わる問い直しは、戦後日本の政治的・経済的発展が内包してきた差別構造への反省を伴ったものとならざるを得ない。

　戦後日本の差別について語る時、避けて通れないのが沖縄の問題である。国体護持のため「本土」の捨て石にされた沖縄では、唯一地上戦が戦われて多大な犠牲者を出し、戦後（日本復帰後）は基地の島となった。米軍基地の存在は、日米安保体制からの必然的帰結である。仮にそれが日本の平和を守るための必要悪だとしても、その負担を分かち合うという発想は本土の有権者にはない。終戦直後は、本土でも各地にあった米軍基地が減少するのとは対照的に、沖縄では今日までに、日本国内の米軍基地の7割以上が集中する。原子力発電と日米安保体制とを「犠牲のシステム」ととらえ、戦後日本国家そのものが誰かの犠牲の上に成り立つ犠牲のシステムだとする議論もある。「沖縄と福島には、このような無視できない違いがいくつも存在する。にもかかわらず、やはりそこには一種の類似した植民地支配関係が見てとれる」(21)。

　このような対比に違和感を覚える者も、特に沖縄では少なくない。財政基盤の弱い僻地の自治体が原発立地を拒否し続けるのは、困難だが不可能ではない。貧しくとも原発によらない地域発展を選んだ自治体は、実際にある。沖縄にはその選択の自由がなかった。札束（原発マネー）で頬をたたくのと銃剣ブルドーザで土地を強制収用するのとでは、暴力性の度合いがまるで違うし、「ただちに健康上の被害はない」放射線被曝と、戦闘機騒音、ヘリコプター（オスプレイ）墜落、米兵による住民への暴行などといった直接的脅威を同列に論じることはできない。

　結局、犠牲を押しつけられている地域にはそれぞれ固有の事情があり、差別されているというだけで相互の連帯が生じるわけではない。だが、これでは隘路に入り込んでしまう。原発立地や基地の島の異議申し立てが多数派の無関心の前に孤立し、それをいいことに為政者は、旧態依然たる中央集権型の開発政策を継続する。経済グローバル化が喧伝される中での熾烈な国際競争が拍車をかけ、大衆の閉塞感がメディアイベント

や過激な言説を通じて非合理に誘導されるポピュリズムが出現しやすくなる。

このような状況下で、一見無関係と思われることの一体性を示す出来事が、水面下で進行していた。2012年6月に成立した原子力規制委員会設置法の付則第12条で、原子力基本法の「基本方針」が34年ぶりに変更された。原子力基本法第2条〈基本方針〉は、「原子力の研究、開発及び利用は、平和目的に限り、民主的な運営の下、自主的にこれを行うものとし、その成果を公表し、進んで国際協力に資するものとする」と定め、半世紀以上にわたり原子力利用の平和目的への限定と「自主・民主・公開」の3原則に根拠を与えてきた。この条項中の「原子力の研究、開発及び利用」が「原子力利用」に改められ、次の1項が加えられた。「2 前項の安全の確保については、確立された国際的な基準を踏まえ、国民の生命、健康及び財産の保護、環境の保全並びに我が国の安全保障に資することを目的として、行うものとする」。

折しも、第二次安倍政権で最高潮に達する秘密保全法体系整備に向け、政府内での検討が進められていた時期である。日本の原子力行政は、日米安保条約と日米原子力協定により米国に従属している。原子力基本法の改正（「我が国の安全保障に資すること」との文言の追加）は、原子力の軍事利用に道を開くという意味で、秘密保全法制と無関係でないとの指摘もある。[22]

原子力政策は数々の「神話」に支えられており（84頁）、その虚構性を問うことなしに脱原発社会の構築はあり得ない。同様に、沖縄の米軍基地問題に関しては、特に本土の人々の間に多くの誤解や疑問があり、それをひとつずつ解くことなしには解決の道は始まらない。[23] 両者はそれぞれ独立の問題であると同時に、共通の要素も持っている。

中央集権政治のひずみへの認識の深まりは、ユンクのテクノクラシー専制批判によるところが大きい。それと親和性の高い原子力に代えて、分散型のエネルギーシステムを。これは、技術的問題であるとともに、人間の自由やデモクラシーとも関わる問題である。さらには、地方自治をめぐる新展開とも関連づけて考察されるべきである。私たちが知らず

知らずのうちに内面化してきた中央集権思考を相対化し、硬直した政治に新風を吹き込む可能性がそこにあるのである。

オルターナティブは地方から

　地方自治を通じた政治再生や、市民活動による市民文化の醸成など、松下氏の所論には考えさせられるところが多い。同時に、日本の現状を考え合わせるなら、そこに至る道は遠いというのが率直な感想でもある。

　中央政府（国家）に集中していた法治・財政権限を地方政府（自治体）に分散し、官治・集権型に代えて自治・分散型政策決定システムを構築する。こうした二項対立的なマクロ的把握がただちに直面するのは、自治体間には著しい差異があるという現実である。人口密集地と過疎地、産業中心地と農漁村地帯。政治的理由から過重な負担を背負わされている沖縄のような地域もある。人口規模でも財政力でも条件が異なる地方自治体を、一律に論じることはできない。また、松下氏の議論の出発点には農村型社会から都市型社会への移行という現状認識があるが、その移行プロセスがどの程度完了しているかをミクロ的に見るなら、個別自治体ごとに事情は大きく異なるだろう。市民活動の積極的側面を強調するあまり、こうした差異が等閑視されるなら、有力自治体とそうでない自治体との格差が是認されることにならないか。

　このことは、原子力問題や米軍基地問題と重ね合わせる時、暗い影を投げかける。原発は、財政基盤が弱く複雑なコミュニティ事情を抱える自治体を選んで立地される。電源三法交付金のようなかたちで、白羽の矢を立てられた地域が断りにくい制度的枠組みも用意されている。それでも、原子炉設置許可は地元の同意を得て進められ、いったん原発立地となった地域の住民は自発的に新しい原発を求めることが多いのだから、これも「地方自治」ではある。

　2015年末の時点で、普天間飛行場移設問題が大詰めを迎える沖縄は、「代執行」訴訟に揺れる。移設先とされる辺野古沖の埋立承認を翁長雄志知事が取り消したのを違法とし、国が沖縄県を訴える異例の事態となった。過重な基地負担を強調する県側に対し、行政手続きは違法とし

迅速な審理を求める国側が勝訴すれば、国土交通相は埋立取消処分の撤回を代執行できる。露骨な強権政治の現実を前に、翁長知事の言葉が胸に迫る。「日本に地方自治や民主主義は存在するのか」。

松下氏は、市民活動は「可能性の海」だという。市民運動にもさまざまなタイプがあり、地域住民の正当な異議申し立ても、自らの利益だけを視野に含むものなら、NIMBY運動に矮小化される危険性を常にはらむ。地域からの政治がオルターナティブとして創造的価値を持ち得るには、高い市民性が必要であり、自らと立地条件、価値観、文化的風土を異にする他地域のことも考慮する度量の大きさが求められる。それなくしては、市民イニシアチブの叢生も、発言力の弱い地方自治体に迷惑施設が押しつけられるというかたちの「調整」に行き着くことになりかねない。

原発との関連でいえば、立地地元と消費地元との連帯を構築するという難問が、ここでの試金石となる。過大評価は禁物である。だが、本書で紹介した事例でいえば、敦賀市民の県外避難受入に関する奈良県4都市との協定の中に、少なくとも地方からのオルターナティブの萌芽を見出すことはできないだろうか。

問題解決は容易ではない。しかし、地方自治を通じた市民性の涵養の可能性は、軽視すべきではない。やや古いスローガンでいえば、地方自治は民主主義の学校である。近年では熟議民主主義が注目されるが、そうした試みは、市民生活に密着した地方政治の場でこそ実践しやすい。まだまだ理想論にすぎない、との反論はあろう。だが、硬直した政治にオルターナティブを提示し、一見不可能と思える課題を解決する糸口が、ここにあるかも知れない。そしてその可能性は、汲み尽くされたわけではない。

(1) 企画政策部原子力安全対策課の業務内容は、①原子力発電所の安全確保、②原子力情報提供・知識普及、③敦賀市原子力発電所懇談会の運営、④全国原子力発電所所在市町村協議会（全原協）事務局にある（三好前掲論文（第2章注20）53～54頁）。安全協

定に基づく報告作成や発電所立ち入り検査などを実施する部署だが、同時に、原発推進を前提とした業務も引き受けている。
(2) 最新版は敦賀市のウェブサイトよりダウンロード可 (http://www.city.tsuruga.lg.jp/relief-safety/bosai_kokuminhogo/genshiryoku_hinan.html)。
(3) 最新版は、2015年2月の敦賀市地域防災計画・原子力災害対策編の改訂をふまえ、内容を拡充している。ダウンロードは注2参照。
(4) 敦賀市原子力災害避難対応マニュアル（敦賀市原子力災害住民避難計画）19頁。避難予定者（6万8300人）の各市への割り当ては、「原子力災害時等における敦賀市民の県外広域避難に関する協定書」締結の際の報道機関あて資料（総括表）によれば、奈良市4万0429人、大和郡山市9671人、天理市8140人、生駒市1万0060人である。
(5) 2013年10月8日『奈良新聞』1面。
(6) http://www.pref.fukui.lg.jp/doc/kikitaisaku/kikitaisaku/ouen-kyotei.html
(7) http://www.pref.nara.jp/item/122147.htm#moduleid23196
(8) 「福井県広域避難計画要綱」1、3頁。
(9) 2015年8月3日『朝日新聞』1、31面。
(10) 筆者が奈良、生駒の両市役所で聞いた感じでは、4都市以外の県内市町村への打診は「たぶんなかったのだろう」とのこと。奈良県庁としては、敦賀市からの避難者受入の件を、「近場」の協力で処理する意向だったのかもしれない。
(11) 脱原発をめざす首長会議は、2014月4月14日に記者会見を行っている (http://mayors.npfree.jp/?p=2487)。引用はそこでの配布資料（ウェブサイトに掲載）より。
(12) http://www.city.nara.lg.jp/www/contents/1403668419076/index.html。なお、古くから関係の深い小浜市は、1971年以来、奈良市の姉妹都市である。
(13) 生駒市役所の資料による。広域避難先3市の「ご当地キャラ」参加を報じる2014年9月4日『福井新聞』(21面)には、奈良市の「しかまろくん」と天理市の「てくちゃん」の名はあるが、生駒市については直接の言及はない。このイベントは、舞鶴若狭自動車道の全線開通を記念したもの。
(14) 松下圭一『現代政治＊発想と階層』（法政大学出版局、2006年）153～154頁。
(15) 前掲書145～149頁。
(16) 前掲書162～163頁。
(17) 前掲書169頁。
(18) 若尾祐司・本田宏編『反核から脱原発へ／ドイツとヨーロッパ

諸国の選択』(昭和堂、2012年) 40頁。
(19) ロベルト・ユンク『原子力帝国』(山口祐弘訳、社会思想社、1989年) 141頁。
(20) 前掲書 5頁。
(21) 高橋前掲書 (第5章注4) 198頁。高橋氏はその後の著書で、沖縄米軍基地を「本土」が引き取ることを提唱する。県外移設では「犠牲のシステム」の解消にはならないのではないか、という意見もある。それに対する反論は、高橋哲哉『沖縄の米軍基地／「県外移設」を考える』(集英社、2015年) 119～125頁を参照。
(22) 石坂前掲書 (プロローグ注3) 101～103頁。今日であれば、新安保法制を付け加えるべきである。
(23) 沖縄に半年間居住した植村秀樹氏は、米軍基地に関する神話、すなわちその呪縛を解いて実話に置き換える必要のある言説を、①何もないところに基地をつくったら、カネを目当てにまわりに人が集まってきた、②海兵隊の沖縄駐留は、日本の防衛のために、また抑止力としても、不可欠である、③沖縄の経済は、基地に依存している、④沖縄の人びとは本音では、基地の撤去よりも経済の発展を求めている、の4点に要約する。①～③が比較的容易に検証できるのに対し、④の問題は非常に複雑だという (植村秀樹『暮らして見た普天間／沖縄米軍基地問題を考える』吉田書店、2015年、26～28頁)。ここに、原発立地との類似性を見る人も少なくないだろう。

■エピローグ
原子力ムラはどこにある

　私はこれまで、脱原発を是とする立場から政治学研究（特にドイツ政党政治）に従事してきた。それは勢い、「原発イエス／ノー」をゴールとする政治過程分析になりがちだった。あるいは、原発推進国と脱原発国の異同を比較論的手法を用いて解明したりもしてきた。いずれにせよ、原子力問題は国策レベルでの政策論争ないしは選択であり、地方政治とは直接関係のない問題ととらえがちだった。
　原発立地を訪れてみると、それがいかに一面的であるかがわかる。原子力発電を続けるにしてもやめるにしても、原発立地にはやらねばならない課題がいくつもある。国策のひずみがもたらす問題を地方自治体に肩代わりさせるのはおかしい、と言うのはたやすい。だがそれをやらなければ、困るのは地域住民である。さらには、原発立地と消費地元との対立は根源的で、両者の間に接点など見出せるはずはないとも思っていた。たとえ萌芽的ではあれ、そこに連帯を構築しようとする試みは、地方自治の舞台ではすでに始められている。これまで私は、何か重要なものを見落としてきたのではないか。
　原子力ムラはむしろ原発立地にある、という中嶌哲演氏の議論を紹介した（82〜83頁）。それを押し進めるかたちで、原子力ムラは私たちの意識やライフスタイルの中にも潜んでいるのではないか、そしてそれが私たちの思考様式を規定する「もうひとつの55年体制」（119頁）ではないかとも問うた。今や、さらに進んで次のように言わねばならない。地方自治レベルでの貴重な実践に目を向けずに来たのなら、そこに生きる人々の喜怒哀楽に無神経でいたのなら、知らず知らずのうちに内面化してきた中央集権的思考から脱却できずにいたのなら、原子力ムラ的な思考様式は私自身の研究姿勢の中にもあったのではないかと。

■エピローグ　原子力ムラはどこにある

　未曾有の原子力災害にもかかわらず、福島原発事故後の日本は、何事もなかったかのように原発再稼働・原発輸出路線を押し進めている。なぜそうなのかについては、明確な政治学的解明が必要である。だが、脱原発社会を構築するという希望は、ついえていないように思われる。地方自治レベルにおける萌芽形態を育てていくためには、私たちが知らず知らずのうちに内面化してきた中央集権的思考を、ひいては、私たちの意識の中に潜む原子力ムラを超克することなしには不可能である。そのための、政治学研究者としての自省の念を込めた問い直しの試み。そのささやかな成果が本書なのである。

　改めて、本書を刊行することとなった経緯を記しておきたい。私たちは2013年度から、学術振興会より補助金を得て、「原子力政策の民主的コントロールに関する比較研究／中央ヨーロッパの諸国を中心に」という研究プロジェクトを遂行してきた。参加メンバーは、東原正明氏（福岡大学）、福田宏氏（愛知教育大学）、および小野一（工学院大学）である。プロジェクト名が示すとおり、中欧諸国（ドイツ、オーストリア、チェコ、スロヴァキア等）の原子力政策を対象に、研究会活動や調査を続けてきた。その過程で、脱原発後の政治を考えるためには地域経済が原発に強く依存する自治体の実態を知らなければならない、という議論が出てきた。

　そこで、2015年2月、若狭湾の原発立地自治体を訪問しての調査となった。この調査でお世話になった、敦賀市議会議員の今大地晴美氏と、小浜・明通寺住職の中嶌哲演氏に、まずお礼を申し上げなければならない。本文中に記したように、敦賀市役所防災センターや日本原電敦賀発電所の訪問は非常に有益なものであった。対応して下さった関係者の方々に厚く感謝する。それとともに、突然の不躾な依頼に対し、気を利かせて訪問先をコーディネイトして下さった今大地氏の協力なしにこのような充実した研修は不可能であったこと、特記しておかねばならない。福井県議会議員（当時は候補者）の辻一憲氏にもお会いして、興味深い話を聞くことができた。この調査には鈴木真奈美氏にもご同行願ったが、原子力の技術面にも明るい同氏の協力は非常に心強いものだった。

この調査を通じて得られたものは多いが、地方自治の観点から原子力問題を問い直すことの重要性に気づかせられたことは、貴重な経験だった。せっかくなので文章として残せないか。現地で見聞きしたものを整理し、文献調査や追加の訪問調査（小野が単独で遂行）を経て、原稿を作成した。追加調査で訪れたのは、奈良市役所、生駒市役所、敦賀鉄道資料館、福井県立若狭図書学習センター、若州一滴文庫（おおい町）などである。ここでも関係者に親切に対応して頂いた。

　地方自治と原発、「地元」概念の融解といった本書全体に関わる論点を明らかにする上で、2014年7月の日本自治学会シンポジウムは示唆的だったが、その記録の一部を引証することを同学会に承認して頂いた。本書の刊行に先立ち、2015年11月に琉球大学で開催された日本平和学会の自由論題部会で報告させて頂いた。活発な討論に参加して頂いた方々、とりわけ適切なコメントを頂いた蓮井誠一郎氏に深く感謝する。

　このように本書は、科研プロジェクト「原子力政策の民主的コントロールに関する比較研究／中央ヨーロッパの諸国を中心に」から生まれた派生的研究である。それゆえ研究会メンバー全員の研究活動の産物であるが、内容上の責任は著者である小野にある。

　一冊の本の刊行には、多くの人の協力が不可欠である。上に記した方々はもとより、勤務先の同僚の理解と協力、お世話になっている研究者の方々からのご助言、その他さまざまな面でサポートして下さった方々の親切に、改めてお礼申し上げる。菊川慶子氏には、核燃反対運動の中で作られた絵はがきの文章を転載させて頂いた。

　私が本を出す時、表紙（カバー）のデザインは出版社に任せっきりにするのが常だが、今回は執筆段階から明確なイメージがあった。若狭人の心のシンボルとでも言うべき青葉山（若狭富士）の夕景写真を使い、それを切り裂くように原発（またはそのシンボルマーク）を重ねようと。オリジナルの写真は、地元のカメラマンより提供されたものである。本人のご意向により撮影者氏名とクレジットの記載は省略するが、ここに記して協力に感謝申し上げる。

　社会評論社の松田健二氏には、かつてなく出版事情が厳しい中、本書

■エピローグ　原子力ムラはどこにある

にご理解を示して頂いた。それなくして本書は、日の目を見ることはなかったであろう。プライベート面では、とりわけ、息子の越百の子育てが大変な中で夫（父親）のわがままを許容してくれた妻の麻理子には、お詫びともお礼ともつかぬ言葉を述べねばならない。

　最後に、原発銀座・若狭について、ひとこと述べておきたい。私は福井県出身であり、しかも中学校まで敦賀で過ごした。それゆえこの地域への思い入れは強い。このようなささやかな記録をまとめることができたのを幸運に思うとともに、複雑な気持ちもある。できれば原発のことなど意識の外に追いやって平穏に暮らしたい、という気持ちが地元では強いこと、知らないわけではないからだ。脱原発という研究テーマを掲げながら、地元のことには沈黙を守っていたのも、そのためかもしれない。

　だが、福島原発事故の悲惨さを見て、そのような態度は続けられなくなる。文献を調べ、地元で土地に根ざした活動をしている人の話を聞いていると、貴重な経験を心ある人に伝えていくことは研究者としての責務ではないかと考えるようになった。いささか向こう見ずな出版に踏み切ったのは、このような事情がある。

　若狭湾地域がそうであるように、それぞれの原発立地にはそれぞれの事情があり、そのような中で格闘する人びとの営みがある。そうした経験を、原発立地に住むのでない人びとも含めて共有し、日本という国と政治のあり方をともに考えていくことはできないか。本書のささやかな試みが、そうした目的に少しでも寄与することができたなら、これ以上の喜びはない。

〔索 引〕

I
ＩＡＥＡ 17, 85
N
ＮＩＭＢＹ 117, 118, 127, 183
P
ＰＡＺ 13, 85, 159
U
ＵＰＺ 85, 159, 160, 163, 164, 170

あ
アトムズ・フォー・ピース 17, 18, 119
安全神話 8, 16, 76, 84, 94, 128, 138
安保 7, 8, 14, 117, 118, 121, 125, 180, 181, 185
い
伊方原発 136, 142, 143, 145, 146, 150, 153
う
ヴィール 115, 146, 147, 148
え
エコロジー 66, 67, 73, 114, 115
お
大飯原発 8, 9, 15, 28, 36, 42, 65, 75, 79, 81, 87, 89, 90, 97, 133, 134, 136, 137, 139, 140, 141, 148, 149, 151, 152, 153
か
核兵器 17, 18, 113, 119, 120, 121, 126, 127
関西広域連合 76, 87, 89, 90, 91, 168, 169, 170, 171
き
緊急時防護措置準備区域（UPZ) 85, 159

け
経済成長 15, 66, 85, 114, 118, 121, 125, 166, 177, 179
原子力規制委員会 16, 26, 57, 63, 136, 149, 152, 153, 181
原子力基本法 19, 133, 181
原子力資料情報室 27, 42, 113, 120
原子力の平和利用 18, 19, 92, 120, 178
原子力発電に反対する福井県民会議 21, 26, 144, 155
原子力ムラ 16, 66, 69, 76, 83, 84, 85, 88, 137, 140, 154, 186, 187
原水禁 19, 35, 109, 112, 113, 120, 165
こ
高速増殖炉 25, 26, 60, 101, 131, 144, 155, 158
国際原子力機関（ＩＡＥＡ) 17, 85
さ
さようなら原発10万人集会 8, 75
し
志賀原発 12, 143, 145
熟議民主主義 15, 121, 122, 124, 183
せ
全国原子力発電所所在市町村協議会（全原協) 34, 157, 183
川内原発 7, 9, 61, 148, 152
た
高浜原発 9, 86, 140, 148, 149, 150, 151, 152, 154
脱原発をめざす首長会議 11, 167, 172, 184
ち
チェルノブイリ 38, 123, 136, 143

索引

つ
敦賀原発 19, 56, 57, 85, 102, 104, 105, 110, 111
て
電源三法 21, 45, 46, 47, 48, 49, 50, 51, 52, 53, 60, 67, 71, 72, 117, 127, 129, 182
と
東海原発 11, 59
討議型世論調査 8, 122
動力炉・核燃料開発事業団（動燃） 60
に
日米原子力協定 18, 181
日本原子力研究開発機構 20, 21, 25, 61
日本原電 19, 20, 34, 42, 56, 57, 58, 59, 60, 61, 62, 63, 73, 107, 129, 143, 158, 160, 165, 187
ひ
被害地元 11, 13, 14, 76, 85, 86, 87, 88, 90
ふ
福島原発 7, 8, 12, 15, 24, 36, 37, 56, 57, 58, 61, 63, 65, 68, 69, 72, 76, 82, 83, 84, 85, 86, 87, 88, 92, 96, 108, 111, 118, 119, 120, 121, 123, 124, 125, 128, 133, 135, 140, 141, 148, 150, 152, 158, 159, 160, 161, 167, 171, 187, 189
負の公共財 116, 117
プルトニウム 25, 91, 93, 100, 118
へ
米軍基地 7, 14, 39, 117, 118, 128, 179, 180, 181, 182, 185
ま
巻町 117, 123, 124, 131

み
美浜原発 22, 23, 25, 58, 77
め
迷惑施設 43, 46, 116, 117, 183
も
もんじゅ 22, 23, 25, 26, 27, 42, 53, 61, 93, 101, 131, 143, 144, 145, 150, 155, 158
よ
予防的防護措置準備区域（ＰＡＺ） 13, 85, 159
ろ
六ヶ所村 60, 99, 100, 118, 129, 144

191

著者紹介
小野　一（おの　はじめ）

　1965年、福井県生まれ。一橋大学大学院社会学研究科博士後期課程単位取得退学。法学修士。現在、工学院大学准教授。専門は政治学、現代ドイツ政治。著書に、『ドイツにおける「赤と緑」の実験』（お茶の水書房）、『緑の党――運動・思想・政党の歴史』（講談社選書メチエ）、共著に『脱原発の比較政治学』（法政大学出版局）などがある。

地方自治と脱原発　――若狭湾の地域経済をめぐって
2016年2月15日　初版第1刷発行

著　者―――小野　一
装　幀―――右澤康之
発行人―――松田健二
発行所―――株式会社 社会評論社
　　　　　　東京都文京区本郷 2-3-10
　　　　　　電話：03-3814-3861　Fax：03-3818-2808
　　　　　　http://www.shahyo.com
組　版―――Luna エディット .LLC
印刷・製本――倉敷印刷株式会社

Printed in japan